"十四五"时期国家重点出版物出版专项规划项目
材料研究与应用丛书

机械工程材料实验指导

Experimental Guidance of Mechanical Engineering Materials

房强汉　李　伟　主编

内 容 简 介

本书分为材料的基础实验和材料的综合性实验两部分,共16个实验,包括材料的金相显微组织结构分析、材料的电子显微组织结构分析、材料的性能测定、材料的加工工艺实验以及材料的综合性实验等内容。

本书既是学习“机械工程材料”课程必备的配套实验教材,又可作为高等学校机械类、材料类各专业本科专科学生“机械工程材料”课程选修实验课的教材。

图书在版编目(CIP)数据

机械工程材料实验指导/房强汉,李伟主编.—哈尔滨:哈尔滨工业大学出版社,2015.12(2025.1重印)
ISBN 978-7-5603-5142-1

Ⅰ.①机… Ⅱ.①房… ②李… Ⅲ.①机械制造材料-材料试验-高等学校-教学参考资料 Ⅳ.①TH140.7

中国版本图书馆CIP数据核字(2015)第162536号

策划编辑　许雅莹　杨　桦
责任编辑　张秀华
封面设计　刘　乐
出版发行　哈尔滨工业大学出版社
社　　址　哈尔滨市南岗区复华四道街10号　邮编150006
传　　真　0451-86414749
网　　址　http://hitpress.hit.edu.cn
印　　刷　哈尔滨博奇印刷有限公司
开　　本　787 mm×1 092 mm　1/16　印张8.5　字数200千字
版　　次　2016年1月第1版　2025年1月第3次印刷
书　　号　ISBN 978-7-5603-5142-1
定　　价　34.00元

前　言

《机械工程材料实验指导》是根据“机械工程材料”课程教学大纲和教学的基本要求，为进一步培养和拓宽学生的工程实践能力和创新能力而编写的。

本书分为材料的基础实验和材料的综合性实验两大部分，包括材料的金相显微组织结构分析、材料的电子显微组织结构分析、材料的性能测定、材料的加工工艺实验以及材料的综合开放性实验等内容。材料的金相显微组织结构分析，包括金相显微镜的使用、金相试样的制备、铁碳合金的平衡组织、碳钢的热处理组织、合金钢以及铸铁的组织观察等实验项目；材料的电子显微组织结构分析，包括扫描电子显微镜、透射电子显微镜、电子探针等先进测试设备的基本结构、工作原理、使用方法以及典型组织结构分析；材料的性能测定，包括材料的布氏硬度计、洛氏硬度计和维氏硬度计的使用以及各种硬度的测定；材料加工工艺实验，包括碳钢的热处理工艺、淬透性的测定以及激光加工工艺等实验项目。材料的综合性实验主要是大型综合开放性实验，目的是为了进一步提高学生独立设计实验方案、独立分析和解决实际问题的能力。

实验 4,5,6,10 为基础实验，其余为《机械工程材料》选修实验课实验。在教学学时允许的条件下，应尽可能多地安排实验，以提高学生的实践动手能力。总之，《机械工程材料实验指导》是以各种现代化先进实验方法为依托，以综合开放性实验模式为重点，通过参与实验方案设计和自主安排实验方法等手段，培养和提高学生分析与解决工程实践问题的能力。

本书既是学习“机械工程材料”课程的实验指导书，还可作为机械类、材料类各专业本科专科学生“机械工程材料”课程选修实验课的教材。

本书是在山东交通学院任课教师长期教学经验的基础上编写而成的，参加本书编写的有房强汉，李伟，景艳，赵康培，丁代存，何欢，马爱芹，张转转，吴承格。本书由房强汉，李伟统稿定稿。

由于编者水平有限，书中难免存在缺点与疏漏，恳请广大师生与读者批评指正。

编　者

2015 年 3 月

目　　录

实验要求

1. 实验课是巩固课堂理论教学、培养实际工作能力的重要教学手段。因此学生在实验前必须预习实验指导书，明确实验目的，了解实验内容、操作步骤及注意事项等。

2. 按规定时间准时进入实验室，如有特殊情况必须请假，并及时与实验室教师联系，尽快补做，不能无故缺席。

3. 必须听从实验指导教师指挥，严格遵守纪律；不准打闹、大声喧哗，不得随意动用与本次实验无关的设备、试样等，严格遵守操作规程，切实注意人身及设备、仪器安全。

4. 实验时应按操作程序正确使用量具、量仪，轻拿轻放，不得任意拆卸、摆弄；实验所用量具、量仪，在使用中发生故障时，应立即报告指导教师，不得自行处理；如损坏仪器、设备根据情节轻重按学校规定须进行全部或部分赔偿。

5. 实验完毕后，按量具、量仪等保养要求，进行清洗保养，将所有物品归还原位，并整理工作现场，得到实验指导教师允许后有序离开实验室。

第 1 部分　材料的基础实验

实验 1　金相显微镜的结构与操作

一、实验目的

1. 了解金相显微镜的结构及原理。
2. 掌握金相显微镜的使用方法。
3. 掌握金相显微镜的维护方法。

二、实验内容

1. 观察金相显微镜的结构，了解各部分的作用，并绘出金相显微镜的光路示意图。
2. 装好金相显微镜的物镜、目镜，调好光阑，进行观察。
3. 借助标定尺对金相显微镜的实际放大倍数进行标定。
4. 在教师指导下，利用金相显微镜对给定样品进行不同条件下（明场、暗场、偏光、相衬等）的观察与分析。

三、实验原理

金相显微镜是进行金属显微分析的主要工具。将专门制备的金属试样放在金相显微镜下进行放大观察，可以研究金属组织与其成分和性能之间的关系；确定各种金属经不同加工及热处理后的显微组织；鉴别金属材料质量的优劣，如各种非金属夹杂物在组织中的数量及分布情况以及金属晶粒度大小等。因此，利用金相显微镜来观察金属的内部组织与缺陷是金属材料研究中的一种基本实验技术方法。

简单地讲，金相显微镜是利用光线的反射将不透明物件放大后进行观察的。下面介绍金相显微镜的基本原理。

1. 金相显微镜的光学放大原理

金相显微镜是依靠光学系统实现放大作用的，其基本原理如图 1.1 所示。

光学系统主要包括物镜、目镜及一些辅助光学零件。对着被观察物体 AB 的一组透镜称为物镜 O_1O_1；对着眼睛的一组透镜称为目镜 O_2O_2。现代显微镜的物镜和目镜都是由复杂的透镜系统所组成，放大倍数可提高到 1 600 ~ 2 000 倍。

当被观察物体 AB 置于物镜前焦点略远处时，物体的反射光线穿过物镜经折射后，得到一个放大的倒立实像 $A'B'$（称为中间像）。若 $A'B'$ 处于目镜焦距之内，则通过目镜观察到的物像是经目镜再次放大的虚像 $A''B''$。由于正常人眼观察物体时最适宜的距离是 250 mm（称为明视距离），因此在显微镜设计上，应让虚像 $A''B''$ 正好落在距人眼250 mm

处,以使观察到的物体影像最清晰。

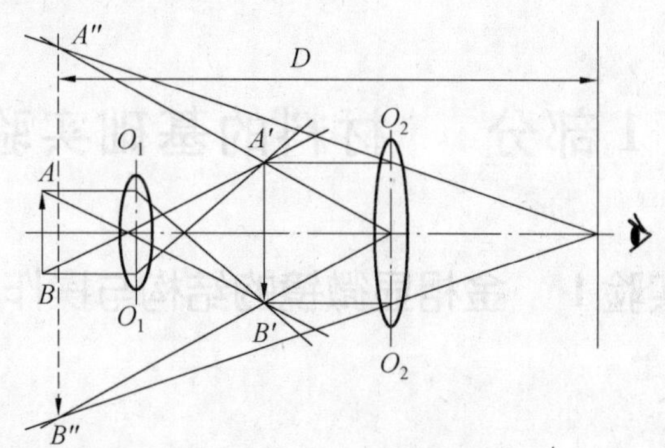

图 1.1 金相显微镜的成像原理图

2. 金相显微镜的主要性能

(1) 放大倍数

显微镜的放大倍数 M 为物镜放大倍数 $M_{物}$ 和目镜放大倍数 $M_{目}$ 的乘积,即:

$$M = M_{物} \times M_{目} = L/f_{物} \times D/f_{目}$$

式中 $f_{物}$—— 物镜的焦距;

$f_{目}$—— 目镜的焦距;

L—— 显微镜的光学镜筒长度;

D—— 明视距离(250 mm)。

$f_{物}$、$f_{目}$ 越短或 L 越长,则显微镜的放大倍数越高。有的小型显微镜的放大倍数需再乘一个镜筒系数,因为它的镜筒长度比一般显微镜短些。

显微镜的主要放大倍数一般是通过物镜来保证。物镜的最高放大倍数可达 100 倍,目镜的放大倍数可达 25 倍。在物镜及目镜的镜筒上,均标注有相应的放大倍数。放大倍数常用符号"×"表示,如 100 ×、200 × 等。

(2) 分辨率

金相显微镜的分辨率是指它们能清晰地分辨试样上两点间最小距离 d 的能力,d 值越小,分辨率越高。

显微镜的分辨率取决于使用光线的波长(λ) 和物镜的数值孔径(A),而与目镜无关,其 d 值可由下式计算:

$$d = \lambda/2A$$

在一般显微镜中,光源的波长可通过滤色片改变。例如,蓝光的波长(λ = 0.44 μm) 比黄绿光(λ = 0.55 μm) 短,所以分辨率较黄绿光高 25%。当光源波长一定时,可通过改变物镜的数值孔径 A 来调节显微镜的分辨率。

(3) 物镜的数值孔径

物镜的数值孔径表示物镜的聚光能力,数值孔径大的物镜聚光能力强,能吸收更多的光线,使物像更清晰。数值孔径 A 可由下式计算:

$$A = n \times \sin \phi$$

式中 n—— 物镜与试样之间介质的折射率;

ϕ——物镜孔径角的一半,即通过物镜边缘的光线与物镜轴线所成的夹角如图1.2所示。

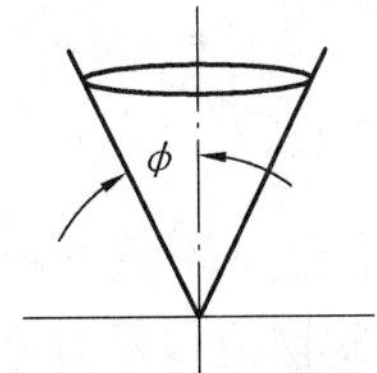

图1.2　物镜的孔径角

n越大或ϕ越大,则A越大,物镜的分辨率就越高。由于ϕ角是小于90°的,所以在空气介质($n=1$)中,A一定小于1,这类物镜称为干物镜。若在物镜与试样之间充满松柏油介质($n=1.52$),则A值最高可达1.4,这类物镜就是显微镜在高倍观察时用的油浸物镜(简称油镜头)。每个物镜都有一个额定A值,与放大倍数一起标刻在物镜镜头上。

(4) 透镜成像的质量

单片透镜在成像过程中,由于几何条件的限制及其他因素的影响,常使影像变得模糊不清或发生变形现象,这种缺陷称为像差。由于物镜起主要放大作用,所以显微镜成像的质量主要取决于物镜,应首先对物镜像差进行校正。普通透镜成像的主要缺陷有球面像差和色像差两种。

① 球面像差

如图1.3所示,当来自光源的单色光(即某一特定波长的光线)通过透镜后,由于透镜表面呈球曲形,折射光线不能交于一点,从而使放大后的影像变得模糊不清。

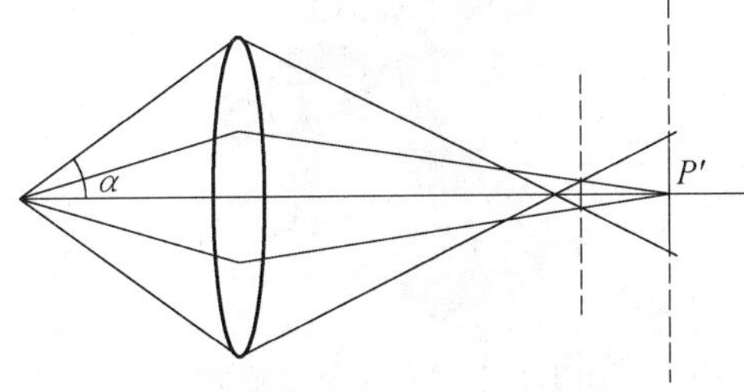

图1.3　球面像差示意图

为了降低球面像差,常采用多片透镜组成的透镜组,即将凸透镜和凹透镜组合在一起称为复合透镜。由于这两种透镜的球面像差性质相反,因此可以相互抵消。除此之外,在使用显微镜时,也可采用调节孔径光阑的方法,适当控制入射光束粗细,让极细一束光通过透镜中心部位,这样可将球面像差降至最低限度。

② 色像差

如图1.4所示,当来自光源的白光通过透镜后,由于组成白色光的七种单色光的波长不同,其折射率也不同,使折射光线不能交于一点。紫光折射最强,红光折射最弱,结果使成像模糊不清。

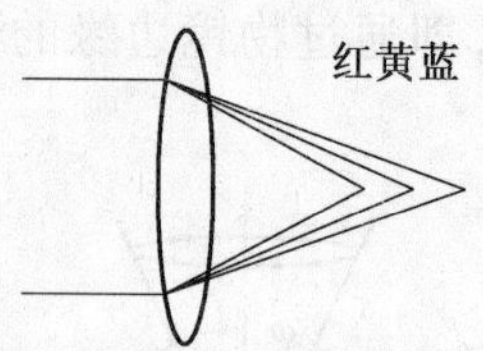

图 1.4 色像差示意图

为消除色像差,一方面可用消色差物镜和复消色差物镜进行校正。消色差物镜常与普通目镜配合,用于低倍和中倍观察,复消色差物镜与补偿目镜配合,用于高倍观察;另一方面可通过加滤色片得到单色光,常用的有蓝色、绿色和黄色滤色片。

四、实验步骤与方法

1. 金相显微镜的结构

金相显微镜的种类很多,最常见的有台式、立式和卧式三大类。其结构通常由光学系统、照明系统和机械系统三大部分组成,有的显微镜还附带照相装置和暗场照明系统等。

小型金相显微镜,按光程设计可分为直立式和倒立式两种类型。试样磨面向上,物镜向下的为直立式;而试样磨面向下,物镜向上的为倒立式,如图 1.5 所示。

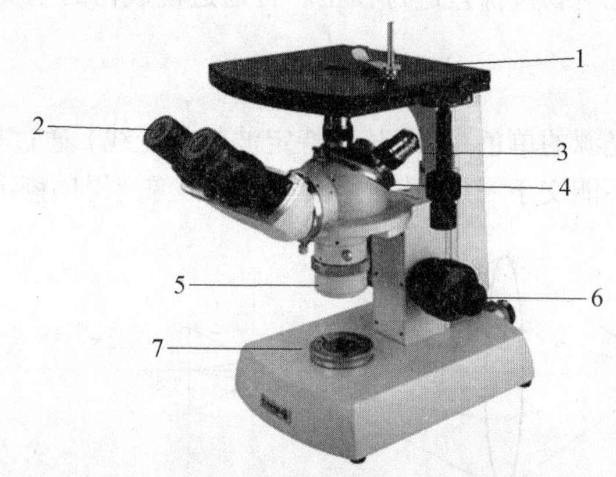

图 1.5 倒立式金相显微镜

1— 载物台;2— 目镜;3— 物镜;4— 物镜转换器;5— 视场光阑;6— 粗调和微调旋钮;7— 孔径光阑

(1) 光学及照明系统

光源发出的光经过透镜组投射到反射镜上,反射镜将水平走向的光变成垂直走向,自下而上穿过平面玻璃物镜,投射到试样磨面上;反射进入物镜的光又自上而下照到平面玻璃上,反射后水平进入棱镜,通过折射、反射后进入目镜。

① 光源

金相显微镜和生物显微镜不同,必须有光源装置。显微镜的光源一般采用低压钨丝灯泡、氙灯、碳弧灯和卤素灯等。目前,小型金相显微镜大部分采用6 ~ 8 V,15 ~ 30 W 的低压钨丝灯泡。为使发光点集中,钨丝制成小螺旋状。

② 光源照明方式

光源照明方式取决于光路设计,一般采用临界照明和科勒照明两种方式。临界照明方式可使光源被成像于试样表面上,虽然可以得到最高的亮度,但对光源本身亮度的均匀性要求很高;科勒照明方式可使光源被成像于物镜的后焦面(大体在物镜支承面位置),由于物镜射出的是平行光,既可以使物平面得到充分照明,又减少了光源本身亮度不均匀的影响,因此目前应用较多。

③ 孔径光阑

孔径光阑位于靠近光源处,用来调节入射光束的粗细,以便改善映像质量。在进行金相观察和摄影时,孔径光阑开得过大或过小都会影响映像的质量。过大,会使球面像差增加,镜筒内反射光和炫光也增加,映像叠映了一层白光显著降低映像衬度,组织变得模糊不清;过小,进入物镜的光束太细减少了物镜的孔径角,使物镜的分辨率降低,无法分清微细组织,同时还会产生光的干涉现象,导致映像出现浮雕和叠影而不清晰。因此孔径光阑张开的大小应根据金相组织特征和物镜放大倍数随时调整以达到最佳状态。

④ 滤光片

滤光片作为金相显微镜附件,常备有黄、绿、蓝色滤光片。合理选用滤光片可以减少物镜的色像差,提高映像清晰度。因为各种物镜的像差,在绿色波区均已校正过,绿色又能给人以舒适感,所以最常用的是绿色滤光片。

⑤ 视场光阑

视场光阑的作用与孔径光阑不同,其大小并不影响物镜的分辨率,只改变视场的大小。一般应将视场光阑调至全视场刚刚露出时,这样在观察到整个视场的前提下最大限度地减少镜筒内部的反射光和炫光,以提高映像质量。

⑥ 映像照明方式

金相显微镜常用的映像照明方式有两种,即明场照明和暗场照明。

明场照明方式是金相分析中最常用的,光从物镜筒内射出,垂直或接近垂直地投向试样表面。若照到平滑区域,光线必将被反射进入物镜,形成映像中的白亮区。若照到凹凸不平区域,绝大部分光线将产生漫射而不能进入物镜,形成映像中的黑暗区。

在鉴别非金属夹杂物透明度时,往往要用暗场照明方式。光源发出的光,经过透镜变成一束平行光,又通过环形遮光板,因中心部分光线被遮挡而成为管状光束。经 45° 反射镜反射后将沿物镜周围投射到暗场罩前缘内侧反射镜上。反射光以很大的倾斜角射向试样表面,如照到平滑区域,将以很大的倾斜角反射,故难以进入物镜,形成映像中的黑暗区,只有照到凹凸不平区域的光线,反射后才有可能进入物镜,形成映像中的白亮区,因此与明场照明方式映像效果相反。

(2) 机械系统

机械系统主要包括载物台、粗调机构、微调机构和物镜转换器。

载物台是用来支承被观察物体的工作台,大多数显微镜的载物台都能在一定范围内平移,以改变被观察的部位。

粗调机构是在较大行程范围内,用来改变被观察物体和物镜前透镜间轴向距离的装置,一般采用齿轮齿条传动装置。

微调机构是在一个很小的行程范围内(约 2 mm),调节被观察物体和物镜前透镜间轴向距离的装置,一般采用微调齿轮传动装置。

物镜转换器是为了便于更换物镜而设置的,转换器上同时装几个物镜,可任意将所需物镜转至并固定在显微镜光轴上。

图1.6为XJP－3A型台式金相显微镜光学系统示意图。由灯泡15发出一束光线,经过聚光镜组14及反光镜13将光线会聚在孔径光阑12上,然后经过聚光镜组6,光线会聚在物镜后焦面上。最后光线通过物镜1用平行光照明样品,使其表面得到充分均匀的照明。从物体表面反射回来的光线,复经物镜1、辅助物镜片3、半透反光镜4、辅助物镜片9、棱镜7与双目棱镜组5,形成一个物体的放大实像。目镜将此像再次放大。显微镜里观察到的就是通过物镜和目镜两次放大所得到的物像。

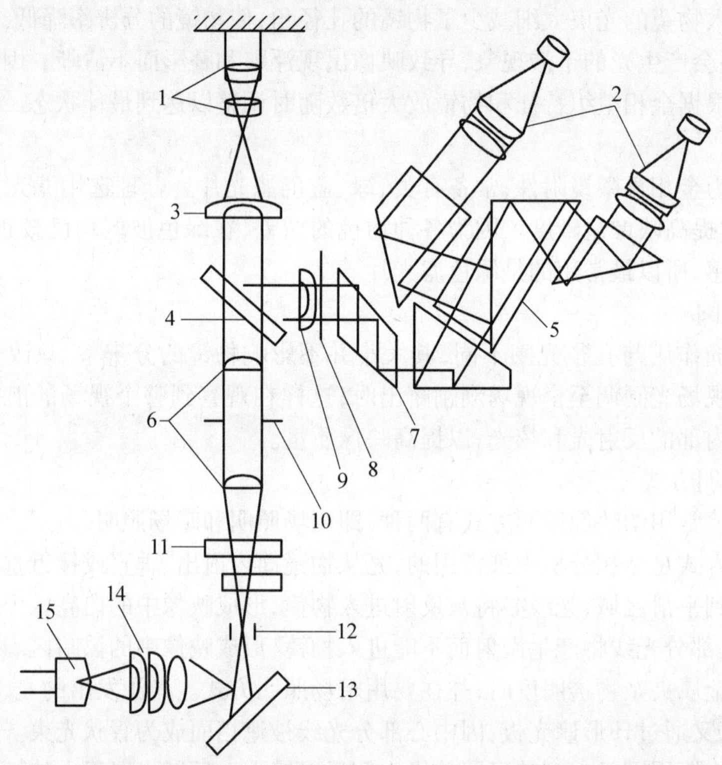

图1.6　XJP－3A型金相显微镜光学系统示意图

1—物镜组;2—目镜组;3—辅助物镜片;4—半透反光镜;5—双目棱镜组;
6—聚光镜组;7棱镜;8—消杂光阑;9—辅助物镜片;10—视场光阑;
11—滤色片;12—孔径光阑;13—反光镜;14—聚光镜组;15—灯泡

图1.7为XJP－3A型金相显微镜的结构示意图,各部件的位置及功能介绍如下:

(1)照明系统

在底座内装有一只低压卤钨灯泡,由变压器提供6 V的使用电压,灯泡前有聚光镜,孔径光阑及反光镜等安装在底座上,视场光阑及另一聚光镜安装在支架上,通过一系列透镜作用及配合组成了照明系统。因此样品表面能得到充分均匀的照明,部分光线被反射进入物镜成像,并经物镜及目镜的放大而形成最终观察的图像。

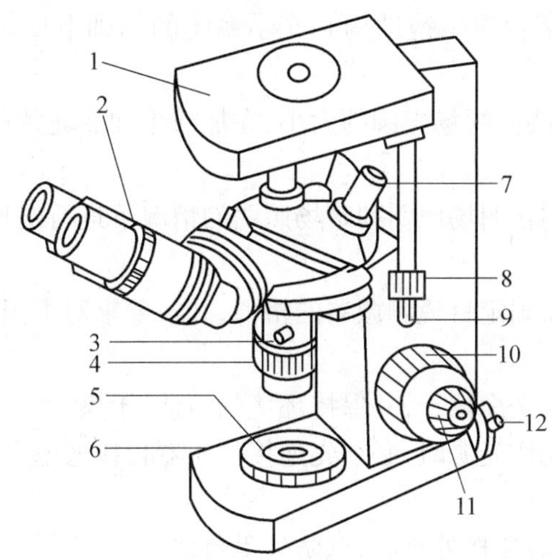

图 1.7　XJP－3A 型金相显微镜的结构示意图

1— 载物台;2— 双目镜;3— 调节螺钉;4— 视场光阑;5— 孔径光阑;6— 底座;
7— 物镜;8— 纵动手轮;9— 横动手轮;10— 粗调焦手轮;11— 微调焦手轮;12— 偏心螺钉

(2) 调焦装置

在显微镜两侧有粗调焦手轮和微调焦手轮,转动粗调手轮,可使载物弯臂上下移动,其中一侧有制动装置。转动微调手轮使弯臂很缓慢地移动,右微调手轮上刻有分度,每小格值为 0.002 mm。在右粗调手轮左侧装有松紧调节手轮,在左粗调手轮右侧装有粗调焦单向限位手柄,当顺时针转动粗调焦手轮并锁紧后,载物台不再下降,但逆时针转动粗调焦手轮,载物台仍可迅速上升,当图像调好后,更换物镜时聚焦很方便。

(3) 物镜转换器

物镜转换器位于载物台下方,可更换不同倍数的物镜,与目镜配合可获得所需的放大倍数。

(4) 载物台

载物台位于显微镜的最上部,用于放置金相样品,旋转纵向手轮和横向手轮可使载物台在水平面上作一定范围内的十字定向移动。

2. 金相显微镜的使用

① 根据放大倍数选用物镜和目镜。

② 将试样放在载物台中心,观察面朝下并用弹簧片压住。

③ 旋转粗调焦手轮使载物台下降并靠近试样表面(不得碰到试样),然后相反转动粗调焦手轮调节焦距,当视场亮度增强时改用微调焦手轮,直至物像清晰为止。

④ 调节孔径光阑和视场光阑,使物像质量最佳。

⑤ 若用浸油物镜,则可在物镜前透镜滴一点松柏油。油物镜用后应立即用棉花沾二甲苯溶液擦净后用擦镜纸擦干。

⑥ 观察试样完毕,应立即关灯,以延长灯泡的使用寿命。

3. 实验步骤

① 利用挂图、教具了解金相显微镜的原理、结构、使用与维护。

② 在具体了解了某台显微镜结构和光学系统的基础上反复练习聚焦,直到熟练掌握。

③ 反复改变孔径光阑、视场光阑的大小,在加或不加滤光片的情况下,观察同一视场映像的清晰程度。

④ 将同一试样分别在明场照明和暗场照明的情况下进行对比观察,并画出所观察的组织图。

⑤ 借助物镜测微器确定目镜测微器的格值,并按要求对组织进行实地测量。

4. 注意事项

① 操作者的手必须洗净擦干,并保持环境的清洁、干燥。

② 用低压钨丝灯光作光源时,必须先连接变压器再接通电源,切不可直接接在 220 V 电源上。

③ 更换物镜、目镜时要格外小心,以防失手落地。

④ 调节试样和物镜前透镜间轴向距离(以下简称调焦)时,必须首先弄清粗调旋钮转向与载物台升降方向的关系,初学者应该先用粗调旋钮将物镜调至尽量靠近物体,但绝不可接触。

⑤ 仔细观察视场内的亮度并同时用粗调旋钮缓慢将物镜向远离试样方向调节。待视场内忽然变得明亮甚至出现映像时,换用微调旋钮调至映像最清晰为止。

⑥ 用浸油物镜时,滴油量不宜过多,用完后必须立即用二甲苯溶液洗净,擦干。

⑦ 待观察的试样必须完全吹干,用氢氟酸浸蚀过的试样吹干时间要长些,因氢氟酸对镜片有严重腐蚀作用。

五、实验设备及材料

1. 金相显微镜的结构与光路图。
2. 金相显微镜。
3. 制备好的金相试样。
4. 测微目镜和辅助材料(塑料片或玻璃片)。

六、实验报告

1. 写出实验目的及所用实验设备。
2. 绘出显微镜的光路示意图,简述显微镜主要部件及其作用。

七、思考题

1. 光学显微镜主要由几部分组成,在使用和维护中应注意哪些事项?
2. 你是怎么调节并观察到最清晰映像的? 在调节过程中视场亮度如何变化?
3. 对比回答下列问题并解释原因:

① 用高倍物镜和低倍物镜观察时,物镜与试样间的距离有何差异?

② 孔径光阑过大或过小对映像清晰程度有何影响?

③ 加滤光片或不加滤光片对映像清晰程度有何影响?

实验2　金相试样的制备

一、实验目的

1. 了解金相试样制备原理，熟悉金相试样的制备过程。
2. 初步掌握金相试样制备、浸蚀的基本方法。

二、实验内容

1. 试样的取样、镶嵌、磨制。
2. 浸蚀剂的选取，试样的浸蚀。
3. 试样制备质量检验。

三、实验原理

金相试样制备过程一般包括取样、镶嵌、粗磨、细磨、抛光和腐蚀六个步骤。

1. 取样

从需要检测的金属材料和零件上截取试样称为取样。取样的部位和磨面的选择必须根据分析要求而定。截取方法有多种，对于软材料可以用锯、车、刨等方法；对于硬材料可以用砂轮切片机或线切割机等切割的方法，对于硬而脆的材料可以用锤击的方法。无论用哪种方法都应注意，尽量避免和减轻因塑性变形或受热引起的组织失真现象。试样的尺寸并无统一规定，从便于握持和磨制的角度考虑，一般直径或边长为 15 ~ 20 mm，高为 12 ~ 18 mm 比较适宜。

2. 镶嵌

当试样的尺寸太小或形状不规则时，如细小的金属丝、片、小块状或要进行边缘观察时，需要将其镶嵌或夹持，如图 2.1 所示。

(1) 热镶嵌

热镶嵌用热凝树脂(如胶木粉等)，在镶嵌机上进行，适用于在低温及不大的压力下组织不产生变化的材料。

(2) 冷镶嵌

冷镶嵌用树脂加固化剂(如环氧树脂和胺类固化剂等)进行，不需要设备，在模子里浇铸镶嵌，适用于不能加热及加压的材料。

(3) 机械夹持

通常用螺丝将样品与钢板固定，样品之间可用金属垫片隔开，也适用于不能加热的材料。

3. 粗磨

粗磨的目的主要有以下三点：

(1) 修整

例如有些用锤击法敲下来的试样，形状很不规则，必须经过粗磨修整为规则形状的试样。

(2)磨平

无论用什么方法取样,切口往往不十分平滑,为了将观察面磨平,同时去掉切割时产生的变形层,必须进行粗磨。

(3)倒角

在不影响观察目的的前提下,需将试样上的棱角磨掉,以免划破砂纸和抛光织物。

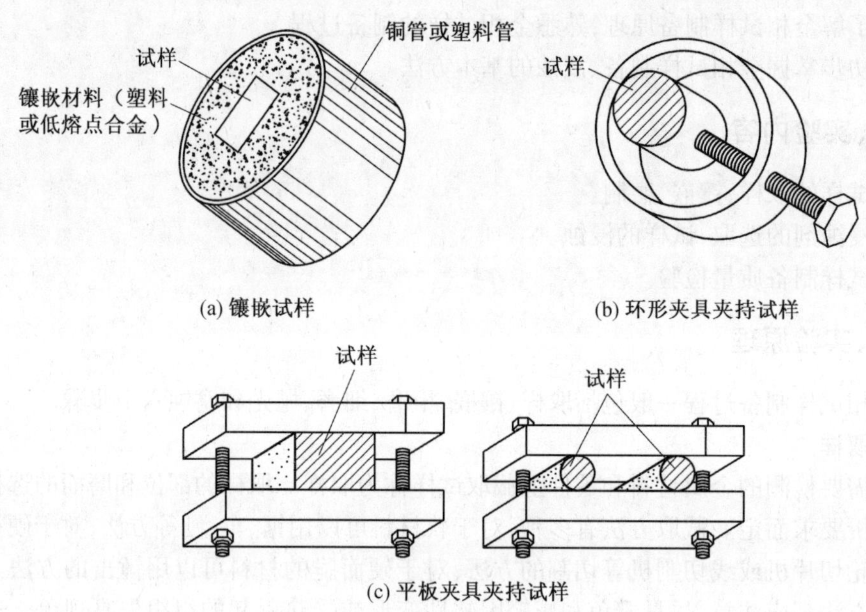

图 2.1 镶嵌及夹持试样

黑色金属材料的粗磨在砂轮机上进行,具体操作方法是将试样牢牢地捏住,用砂轮的侧面磨制。在试样与砂轮接触的一瞬间,尽量使磨面与砂轮面平行,用力不可过大。由于磨削力的作用往往出现试样磨面的上半部分磨削量偏大,故需人为地进行调整,尽量加大试样下半部分的压力,以求整个磨面均匀受力。另外,在磨制过程中,试样必须沿砂轮的径向往复缓慢移动,防止砂轮表面形成凹沟。必须指出的是,磨削过程会使试样表面温度骤然升高,只有不断地将试样浸水冷却,才能防止组织发生变化。根据磨料粒度选择砂轮,磨料粒度为 40,46,54,60 等号,数值越大砂轮越细。较软的材料可用挫刀磨平。

砂轮机转速比较快,一般为 2 850 r/min,操作者禁止站在砂轮的正前方,以防被飞出物击伤。操作时严禁戴手套,以免手被卷入砂轮机。

4. 细磨

粗磨后的试样,磨面上仍有较粗较深的磨痕,为了消除这些磨痕必须进行细磨,如图 2.2 所示。细磨可分为手工磨和机械磨两种。

(1)手工磨

选用不同粒度的金相砂纸(180,240,400,600,800),由粗到细进行磨制。磨削时将砂纸放在玻璃板上,手持试样单方向向前推磨,切不可来回磨制,用力均匀,不宜过重。当磨削的划痕掩盖上次磨削的旧划痕时,更换细一号砂纸进行磨削。每换一号砂纸时,试样磨面需转 90°,与旧划痕垂直,以此类推,直到旧划痕消失为止,如图 2.3 所示。试样细磨

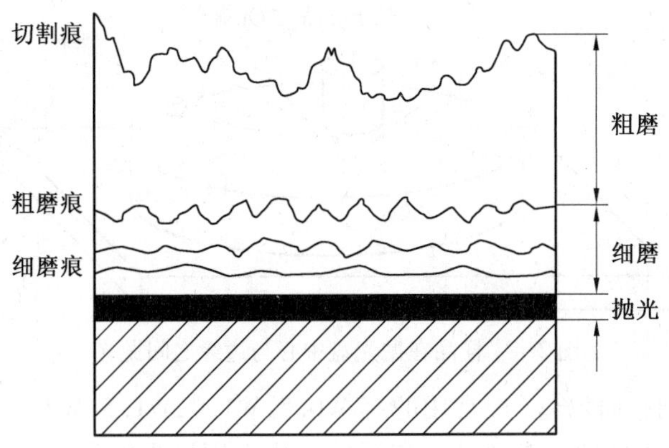

图2.2　样品磨面上磨痕变化示意图

结束后,用水将试样冲洗干净待抛光。

(2)机械磨

目前普遍使用的机械磨设备是预磨机。电动机带动铺着水砂纸的圆盘转动,磨制时,将试样沿圆盘的径向来回移动,用力要均匀,边磨边用水冲。水流既起到冷却试样的作用,又可以借助离心力将脱落砂粒、磨屑等不断地冲到转盘边缘。其方法与手工细磨一样,即磨好一号砂纸后,再换细一号砂纸,试样同样转90°,直到800号为止。机械磨的磨削速度比手工磨制快得多,但平整度不够好,表面变形层也比较严重。因此要求较高的或材质较软的试样应该采用手工磨制。

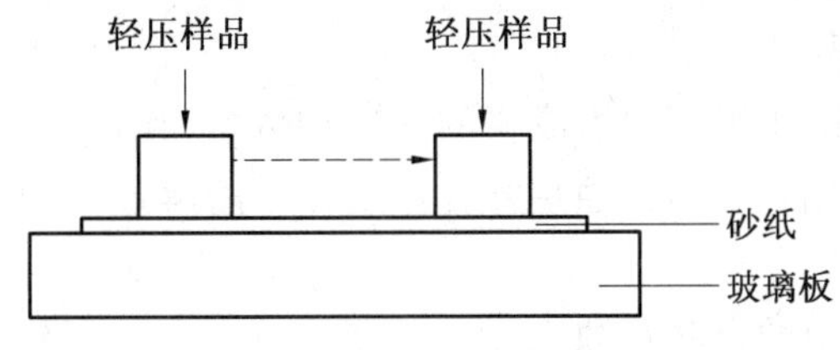

图2.3　砂纸上磨制方法

5. 抛光

抛光的目的是去除试样磨面上经细磨留下的细微划痕和变形层,使试样磨面成为光亮无痕的镜面。抛光有机械抛光、电解抛光和化学抛光等,最常用的是机械抛光,如图2.4所示。机械抛光在金相抛光机上进行,抛光时试样磨面应均匀地轻压在抛光盘上,并将试样由中心至边缘移动,并做轻微转动。在抛光过程中要以量少次数多和由中心向外扩展的原则不断地加入抛光微粉乳液。抛光应保持适当的湿度,因为太湿降低磨削力,使试样中的硬质相呈现浮雕。湿度太小,由于摩擦生热会使试样升温,使试样产生晦暗现象,其合适的抛光湿度是以提起试样后磨面上的水膜在3~5 s内蒸发完为准。抛光压力不宜太大,时间不宜太长,否则会增加磨面的扰乱层。粗抛光可选用帆布、海军呢作抛光织物,精抛光可选用丝绒、天鹅绒和丝绸作抛光织物。抛光前期抛光液的浓度应大些,后期使用较稀的,最后用清水抛,直至试样成为光亮无痕的镜面即停止抛光,用清水冲洗干净后即可进行浸蚀。

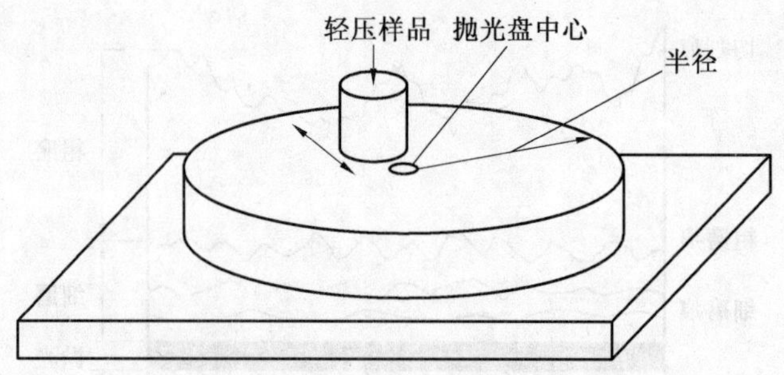

图 2.4　样品在抛光盘中心与边缘之间抛光

目前,人造金刚石研磨膏(最常用的有 W0.5,W1.0,W1.5,W2.5,W3.5 五种规格的溶水性研磨膏)代替抛光液,得到日益广泛的应用。用极少的研磨膏均匀涂在抛光织物上进行抛光,抛光速度快,质量也好。

6. 腐蚀(浸蚀)

经过抛光的样品,在显微镜下观察时,除非金属夹杂物、石墨、裂纹及磨痕等能看到外,只能看到光亮的磨面,要想看到试样的组织必须进行腐蚀。腐蚀的方法有多种,如化学腐蚀、电解腐蚀、恒电位腐蚀等,最常用的是化学腐蚀法。下面介绍用化学腐蚀法显示组织的基本过程。

(1)化学腐蚀法的原理

化学腐蚀的主要原理是利用浸蚀剂对样品表面引起的化学溶解作用或电化学作用(微电池作用)来显示组织。

(2)化学腐蚀的方式

化学腐蚀的方式取决于组织中组成相的性质和数量,纯粹的化学溶解是很少的。一般把纯金属和均匀的单相合金的腐蚀主要看作是化学溶解过程,两相或多相合金的腐蚀主要是电化学溶解过程。

①纯金属或单相合金的化学腐蚀

这是纯化学溶解过程,由于其晶界上原子排列紊乱,具有较高的能量,故易被腐蚀形成凹沟。同时,由于每个晶粒排列位向不同,被腐蚀程度也不同,所以在明场下显示出明暗不同的晶粒,如图 2.5(a)所示。

②两相合金的浸蚀

这主要是电化学的腐蚀过程,由于各组成相具有不同的电极电位,样品浸入腐蚀剂中,在两相之间形成无数对微电池。具有负电位的一相成为阳极,被迅速溶入浸蚀剂中形成低凹,具有正电位的另一相成为阴极,在正常的电化学作用下不受浸蚀而保持原有平面。当光线照到凹凸不平的样品表面上时,由于各处对光线的反射程度不同,在显微镜下就看到各种组织和组成相,如图 2.5(b)所示。

③多相合金的腐蚀

一般而言,多相合金的腐蚀同样也是一个电化学溶解的过程,其腐蚀原理与两相合金相同。但多相合金的组成相比较复杂,用一种腐蚀剂来显示多种相很难实现,只有采取选择腐蚀法等专门的方法才行。

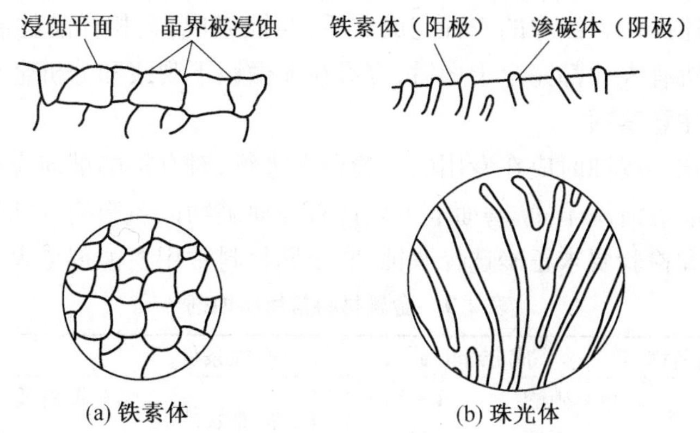

图2.5　单相合金(a)和双相合金(b)浸蚀示意图

(3)化学腐蚀剂

化学腐蚀剂是用于显示材料组织而配制的特定的化学试剂，多数腐蚀剂是在实际的试验中总结归纳出来的。一般腐蚀剂是由酸、碱、盐以及酒精和水配制而成，钢铁材料最常用的化学腐蚀试剂是浓度为3% ~5%的硝酸酒精溶液。各种材料的腐蚀剂可查阅有关手册。

(4)化学腐蚀方法

化学腐蚀法一般有浸蚀法、滴蚀法和擦蚀法，如图2.6所示。

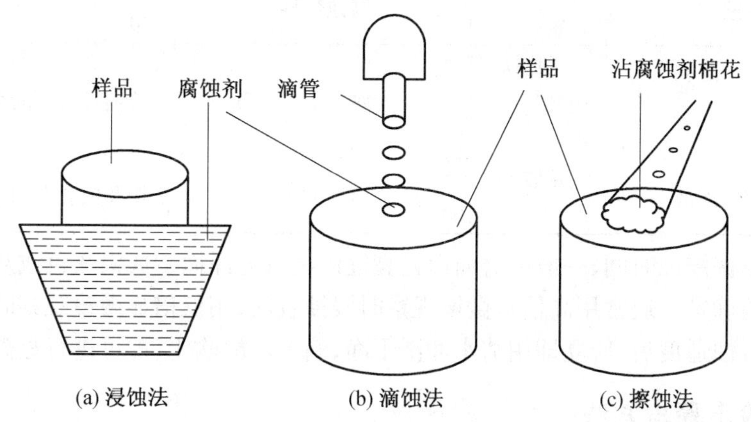

图2.6　化学腐蚀方法

① 浸蚀法

将抛光好的样品放入腐蚀剂中，抛光面向上或向下浸入腐蚀剂中，不断观察表面颜色的变化，当样品表面略显灰暗时，即可取出，充分冲水冲酒精，再快速用吹风机充分吹干。

② 滴蚀法

一手拿样品，表面向上，将滴管吸入的腐蚀剂滴在样品表面，观察表面颜色的变化，当表面颜色变灰时，再过2 ~3 s即可充分冲水冲酒精，再快速用吹风机充分吹干。

③ 擦蚀法

用沾有腐蚀剂的棉花轻轻地擦拭抛光面，同时观察表面颜色的变化，当样品表面略显灰暗时，即可取出，充分冲水冲酒精，再快速用吹风机充分吹干。

经过选择上述操作方法中的一种完成之后，腐蚀完成，金相样品的制备即结束，这时要将手和样品的所有表面都完全干燥后，方可在显微镜下观察和分析金相样品的组织。

7. 化学操作注意事项

①试样进行化学浸蚀时应在专用的实验台上进行，对有毒的试剂应在通风橱内进行。

②试样浸蚀前应清洗干净，磨面上不允许有任何脏物以免影响浸蚀效果。

③根据材料和检验要求正确选择腐蚀剂，金属材料常用腐蚀剂见表2.1。

表2.1 金属材料常用腐蚀剂

序号	腐蚀剂名称	成分/ml(g)	腐蚀条件	适应范围
1	硝酸酒精溶液	硝酸 1~5 酒精 100	室温腐蚀数秒	碳钢及低合金钢，能清晰地显示铁素体晶界
2	苦味酸酒精溶液	苦味酸 4 酒精 100	室温腐蚀数秒	碳钢及低合金钢，能清晰地显示珠光体和碳化物
3	苦味酸钠溶液	苦味酸 2~5 苛性钠 20~25 蒸馏水 100	加热到60 ℃腐蚀5~30 min	渗碳体呈暗黑色，铁素体不着色
4	混合酸酒精溶液	盐酸 10 硝酸 3 酒精 100	腐蚀2~10 min	高速钢淬火及淬火回火后晶粒大小
5	王水溶液	盐酸 3 硝酸 1	腐蚀数秒	各类高合金钢及不锈钢组织
6	氯化铁、盐酸水溶液	三氯化铁 5 盐酸 10 水 100	腐蚀1~2 min	黄铜及青铜的组织显示
7	氢氟酸水溶液	氢氟酸 0.5 水 100	腐蚀数秒	铝及铝合金的组织显示

④注意掌握浸蚀时间，一般以磨面由光亮逐渐失去光泽而变成银灰色或灰黑色为准，主要根据经验确定。通常用高倍显微镜观察时浸蚀宜浅，用低倍显微镜观察时可深些。

⑤试样浸蚀适度后，应立即用清水冲洗干净，滴上乙醇吹干，即可进行显微分析。

四、实验步骤与方法

1. 实验前认真阅读实验指导书，明确实验目的和任务。
2. 认真了解所使用的仪器型号、操作方法及注意事项。
3. 按实验要求制备一个合格的金相试样。
4. 认真观察制备的试样，并画出组织示意图。

五、实验设备及材料

1. 设备：金相切割机、砂轮机、镶嵌机、预磨机、抛光机、吹风机、金相显微镜。
2. 材料：金相砂纸、抛光粉、抛光布、浸蚀剂、棉球、酒精。
3. 试样：20，45，T8，T12钢，白口铁若干。

4. 要求：独立制备试样，试样无明显划痕、扰乱层等缺陷。

六、实验报告

1. 写出实验目的及所用实验设备。
2. 简述金相试样的制备步骤。
3. 将45钢的金相试样置于金相显微镜下观察，描绘出45钢的平衡组织。

七、思考题

1. 根据自己的实践体会，在制备金相试样时应注意哪些事项？

实验3　金属铸锭在结晶与凝固过程中的组织观察与分析

一、实验目的

1. 观察金属铸锭的三个晶区的形态。
2. 分析研究凝固条件对铸锭宏观组织的影响。

二、实验内容

按照表3.1条件进行铝锭的浇注，并分析凝固条件对纯铝铸锭组织的影响。

表3.1　不同浇注条件纯铝铸锭的宏观组织特征

序号	铸型材料	铸型温度/℃	浇注温度/℃	组织形貌特征
1	砂模	500	700	多边形粗大等轴晶
2	砂模	室温	700	粗大柱状晶，中心有等轴晶
3	铁模	室温	700	较粗大柱状晶
4	铁模	500	700	较粗大柱状晶，中心少量等轴晶
5	铁模	室温	800(变质剂)	细小等轴晶

观察铝铸锭的晶粒大小、形状及分布，注意观察缩孔、气泡、树枝状晶的特征。

三、实验原理

金属的结晶是晶核的形成与长大的过程。铸锭结晶后，其晶粒的大小、形状和分布既取决于形核率和长大速度，还与凝固条件、合金成分及其冷却过程有关。生产过程中由于铸锭不可能在整个界面上均匀冷却并同时凝固，因此铸造后形成的组织必然是组织和性能的不均匀体。

1. 铸锭凝固过程

典型的铸锭/坯组织可以分为三个区域：靠近型壁的细晶区、由结晶区向铸锭中心生长的柱状晶区和铸锭中心较为粗大的等轴晶区。图3.1为典型铸锭的组织示意图。

(1)细晶区

细晶区是铸锭的外壳层，当液体金属浇入温度较低的铸型中时，会形成较大的过冷度，同时型壁和金属液体产生摩擦、液体金属的剧烈骚动及型壁凹凸不平，于是靠近型壁会大量形成晶核。晶核迅速长大并相互碰撞，从而形成细晶区。细晶区很薄，因此对铸锭的性能没有明显的影响。

(2)柱状晶区

细晶在形成过程中，型壁的温度已经升高，结晶前沿的过冷度降低，新的晶核形成变得困难，只能在外壳内壁原有晶粒基础上长大。同时散热是沿着垂直于型壁的方向进行，结晶时每个晶粒的生长又受到四周正在长大的晶体的限制，因而结晶只能沿着垂直于型壁的方向由外向内生长，形成彼此平行的柱状晶区。

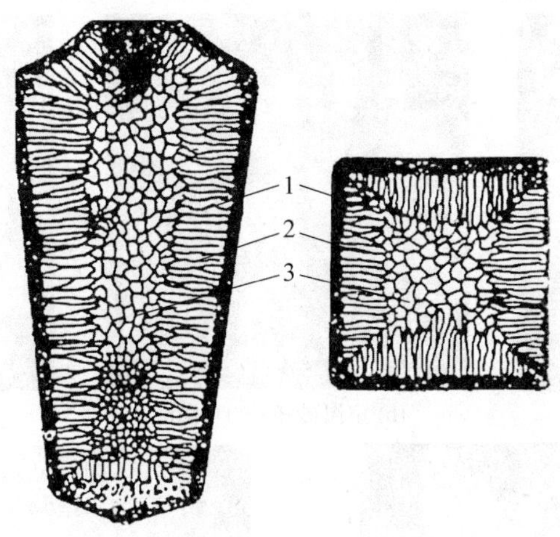

图3.1　典型铸锭的组织示意图
1—细晶区;2—柱状晶区;3—等轴晶区

(3)等轴晶区

随着柱状晶的发展,型壁温度进一步升高,散热变得越来越慢,而成长的柱状晶前沿温度因结晶潜热的放出而有所升高,导致结晶前沿过冷度极小,大大降低了形核率,加之在铸锭中心散热已无方向性,形成的晶核便向四周各方向自由生长,从而形成位相不同的粗大的等轴晶。

等轴晶与柱状晶相比,各树枝晶彼此嵌入,结合的比较牢固,铸锭易于进行压力加工,铸件性能不呈现方向性。其缺点是因树枝晶发达,显微缩孔增加,组织不够致密,重要工件在进行锻压时应设法将中心压实。

2. 不同浇注条件下的铸锭组织变化

金属材料性能的优劣,首先取决于能否获得优质的铸锭,故对铸锭组织要进行控制和检验。铸锭的宏观组织一般包括三个晶区,即由于激冷形成的表层细晶区、迎着散热方向生长的柱状晶区和均匀散热形成的位向各异的中心等轴晶区。浇铸条件不同时各区的大小及晶粒粗细均不一样,如图3.2所示。改变液体金属的凝固条件,比如浇注温度、铸型材料、铸型壁厚、铸型温度、是否添加变质处理剂等,则会改变三个晶区的大小和形态。要注意观察柱状晶区和等轴晶区的相对面积和各自晶粒的大小。

①提高浇注温度,增加铸型型壁厚度,可使液态金属获得较大的冷却速度,造成内外温差加大,并且散热增多,有利于柱状晶区的发展。

②相同浇注温度下,金属型比砂型可获得更大的柱状晶区。

③预热铸型温度,采用砂型等有利于粗大等轴晶的生长。

④在一般铸件中,通过机械振动、磁场搅拌、超声波处理等措施,可促进形核,进而减弱柱状晶的生长,有利于得到等轴晶。

⑤加入变质处理剂,能够促进非均匀形核,在其他条件相同的情况下等轴晶大大细化。

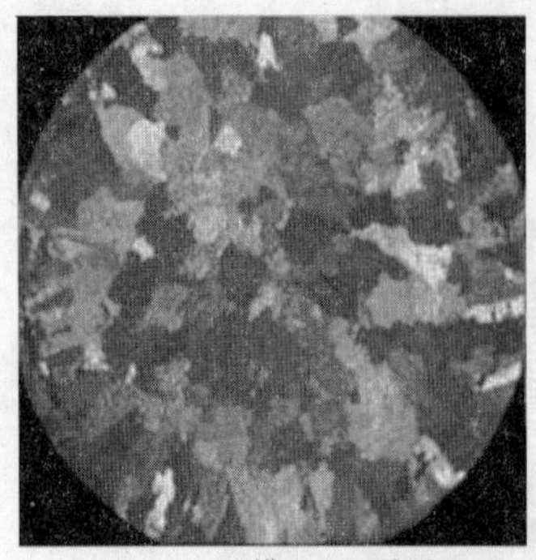
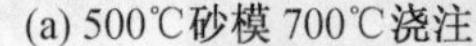

(a) 500℃砂模 700℃浇注

(b) 室温砂模 700℃浇注

(c) 室温铁模 700℃浇注

(d) 500℃铁模 700℃浇注

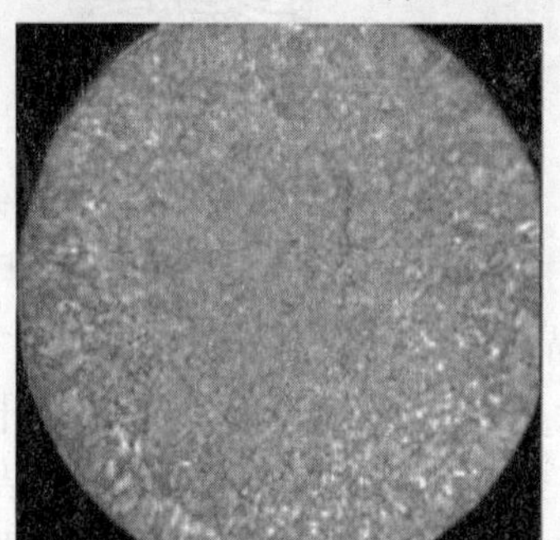

(e) 室温铁模 800℃浇注（加 Ti）

图 3.2　不同浇注条件下铝锭的宏观组织

四、实验步骤

1. 实验步骤

(1)将纯铝块放入坩埚内，电炉加热熔化后取出浇注，浇注温度和冷却条件按照表 3.2执行。

表 3.2　纯铝锭的浇注条件

试样编号	1	2	3	4	5
浇注温度/℃	700	700	800	700	700
铸型材料及厚度	3 mm 金属型	10 mm 金属型	10 mm 金属型	砂型	砂型
其他条件	室温	500 ℃	变质处理剂	500 ℃	室温

(2)铸锭凝固后用水冷却，沿铸件横截面和纵截面用手锯锯开。

(3)用锉刀打磨锯面，用金相砂纸磨制后用王水腐蚀，腐蚀时间为 3 ~ 5 min，待显现出清晰晶粒后用水冲洗并吹干。

(4)观察分析不同浇注条件下的宏观组织和缺陷，并绘制特征图。

2. 实验注意事项

(1)浇注前所有铸型和工具都要预热干燥，防止浇注时爆炸伤人。

(2)接触液体金属时需特别小心，当用抱钳夹持盛有液体金属的坩埚和热的金属型时，特别要保护眼睛不受烧伤，不能让水和其他液体溅到热金属表面上。

(3)本实验用的浸蚀剂为王水，应在通风橱中或在通风条件下进行浸蚀，经过浸蚀后的试样要用钳子夹持，首先要在盛有水的容器内洗净，然后才可以在水龙头下冲洗。

五、实验设备及材料

1. 坩埚电阻炉、石墨坩埚、不同厚度的金属型、砂型、手钳、锯、锉等。

2. 纯铝、变质处理剂、金相砂纸、王水腐蚀液等。

六、实验报告

1. 写出实验目的和内容。

2. 画出不同浇注条件下铝锭的宏观组织特征图,注明浇注条件。

七、思考题

1. 比较不同浇注条件下的铝锭在柱状晶区和等轴晶区的相对面积和晶粒大小。

2. 思考上题的原因,并具体说明型壁材料、铸型预热温度、浇注温度、变质处理等对组织的影响。

实验4 铁碳合金平衡组织的观察与分析

一、实验目的

1. 观察和识别铁碳合金(碳钢和白口铸铁)在平衡状态下的显微组织特征。

2. 分析和研究碳质量分数对组织形成过程的影响,研究组织组成物的本质和特征,从而加深理解铁碳合金成分、组织和性能之间的关系。

3. 熟悉金相显微镜的使用。

二、实验内容

1. 学会金相显微镜的使用。

2. 通过金相显微镜,观察表4.1中所列金相试样的显微组织,研究组织特征,并结合铁碳合金平衡相图分析组织的形成过程。

表4.1 几种碳钢和白口铁的显微组织

编号	材 料	热处理方法	组织名称及特征	浸蚀剂	放大倍数
1	工业纯铁	退火	铁素体(呈等轴晶粒)和微量三次渗碳体(薄片状)	4%硝酸酒精溶液	(100~500)×
2	20钢	退火	铁素体(呈块状)和少量的珠光体	4%硝酸酒精溶液	(100~500)×
3	45钢	退火	铁素体(呈块状)和相当数量的珠光体	4%硝酸酒精溶液	(100~500)×
4	T8钢	退火	铁素体(宽条状)和渗碳体(细条状)相间交替排列	4%硝酸酒精溶液	(100~500)×
5	T12钢	退火	珠光体(暗色基底)和细网络状二次渗碳体(亮白色)	4%硝酸酒精溶液	(100~500)×
6	T12钢	退火	珠光体(呈浅色晶粒)和二次渗碳体(黑色网状)	苦味酸钠溶液	(100~500)×
7	亚共晶白口铁	铸态	珠光体(呈黑色枝晶状)、莱氏体(斑点状)和二次渗碳体(在枝晶周围)	4%硝酸酒精溶液	(100~500)×
8	共晶白口铁	铸态	莱氏体,即珠光体(黑色细条及斑点状)和渗碳体(亮白色)	4%硝酸酒精溶液	(100~500)×
9	过共晶白口铁	铸态	莱氏体(黑色斑点)和一次渗碳体(粗大条状片)	4%硝酸酒精溶液	(100~500)×

三、实验原理

Fe-Fe_3C 状态图是研究铁碳合金组织与成分关系的重要工具,如图4.1所示。了解和掌握 Fe-Fe_3C 状态图对于制定钢铁材料的各种加工工艺有着重要的指导意义。

所谓平衡状态的显微组织是指合金在极其缓慢的条件下冷却到室温所得到的组织。铁碳合金的平衡组织主要是指,碳钢和白口铸铁缓慢冷却到室温得到的组织,它们(特别是碳钢)是工业上应用最广泛的金属材料,其性能和显微组织有着密切的关系。

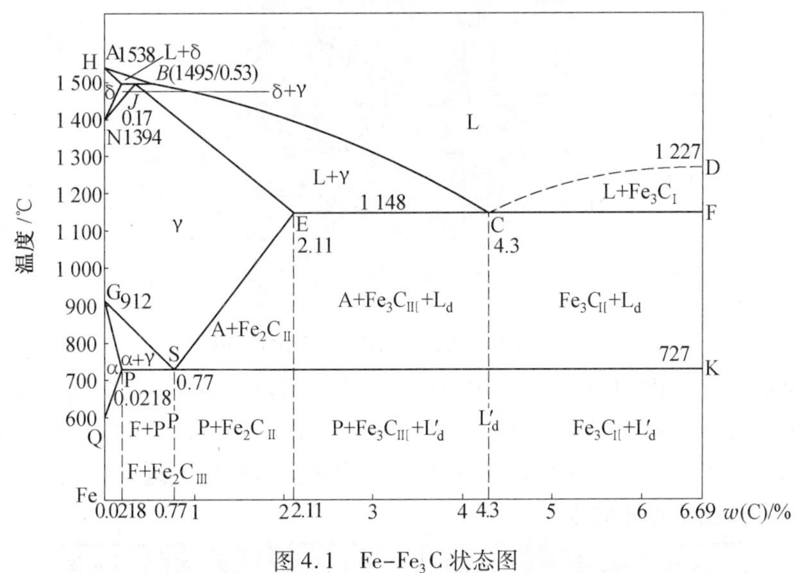

图4.1　Fe-Fe_3C 状态图

从 Fe-Fe_3C 状态图可以看出,所有的碳钢和白口铸铁的平衡组织都是由铁素体和渗碳体这两个基本的相组成。但由于含碳量不同,结晶条件的差异,铁素体和渗碳体的相对数量、形态、分布和混合情况不同,因而呈现各种不同特征的组织形态,具有不同的性能。

各种铁碳合金在室温下的显微组织和所用浸蚀剂见表4.2。

表4.2　各种铁碳合金在室温下的显微组织及所用浸蚀剂

类型		碳质量分数/%	显微组织	浸蚀剂
工业纯铁		≤0.021 8	铁素体	4%硝酸酒精溶液
碳钢	亚共析钢	0.021 8～0.77	铁素体+珠光体	4%硝酸酒精溶液
	共析钢	0.77	珠光体	4%硝酸酒精溶液
	过共析钢	0.77～2.11	珠光体+二次渗碳体	苦味酸钠溶液或 4%硝酸酒精溶液
白口铸铁	亚共晶白口铁	2.11～4.3	珠光体+二次渗碳体+莱氏体	4%硝酸酒精溶液
	共晶白口铁	4.3	莱氏体	4%硝酸酒精溶液
	过共晶白口铁	4.3～6.69	莱氏体+一次渗碳体	4%硝酸酒精溶液

1. 铁素体

铁素体(F)是碳在 α-Fe 中的固溶体。铁素体为体心立方晶格,具有磁性及良好的塑性,硬度较低。工业纯铁在室温下的平衡组织几乎全部为铁素体,经过金相试样制备后(浸蚀剂为4%硝酸酒精溶液),在金相显微镜下观察,图中白色的不规则多边形为铁素体晶粒,黑色的条纹为晶界,如图4.2所示。

随着钢中碳质量分数的增加,铁素体减少,增加了新的组织即珠光体 P,亚共析钢中

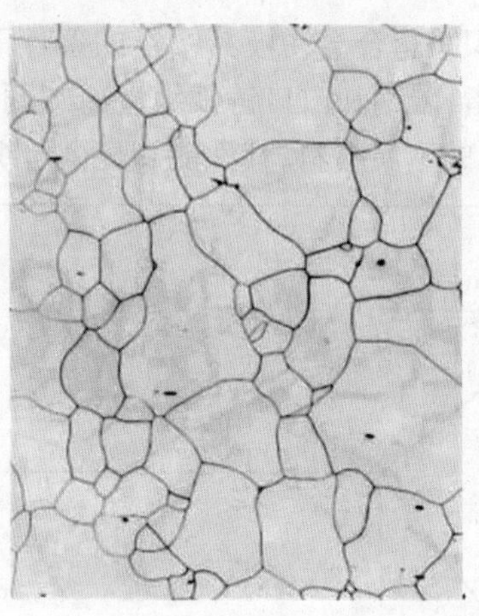

图 4.2　工业纯铁显微组织(工业纯铁,退火)

铁素体呈块状分布,如图 4.3 所示。用 4% 硝酸酒精溶液浸蚀后,先析铁素体呈白亮色,暗黑色的层片状为珠光体。随碳质量分数的增加,F 逐渐减少,P 不断增多。可以根据白色和黑色部分的比例,估算出钢的碳质量分数。当碳质量分数接近共析成分时,铁素体呈断续的网状分布在珠光体周围。

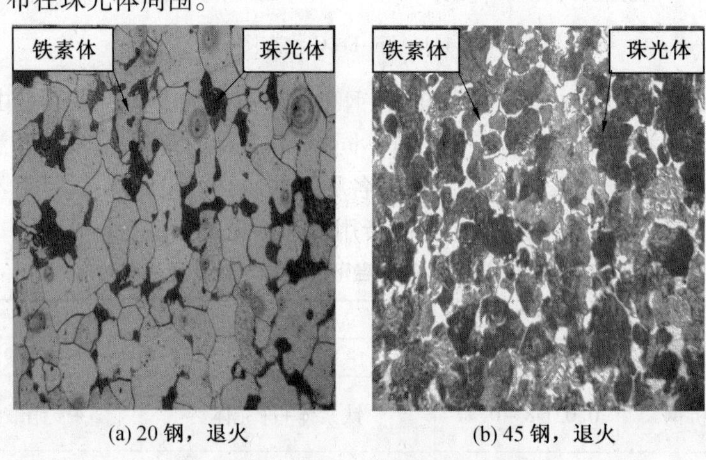

(a) 20 钢，退火　　(b) 45 钢，退火

图 4.3　亚共析钢显微组织(400×)

2. 渗碳体

渗碳体(Fe_3C)是铁和碳形成的一种化合物,其碳质量分数为 6.69%,质硬而脆,耐腐蚀性强,经 3% ~4% 硝酸酒精溶液浸蚀后,渗碳体呈亮白色;若用苦味酸钠溶液浸蚀,则渗碳体能被染成黑色或棕红色,而铁素体仍为白色,由此可区别铁素体与渗碳体。图 4.4(a)中,白色的网络为二次渗碳体,暗黑色块状或层片状的部分为珠光体;图 4.4(b)中,组织中渗碳体被染成暗黑色,而铁素体仍为白亮色。

按照成分和形成条件的不同,渗碳体可呈现不同的形态:一次渗碳体是直接由液体中结晶出来的,故在白口铸铁中呈粗大的条片状(图 4.8);二次渗碳体是从奥氏体中析出的,往往呈网络状沿奥氏体晶界分布(图 4.4);三次渗碳体是从铁素体中析出的,通常呈不连续薄片状存在于铁素体晶界处,数量极微可忽略不计。

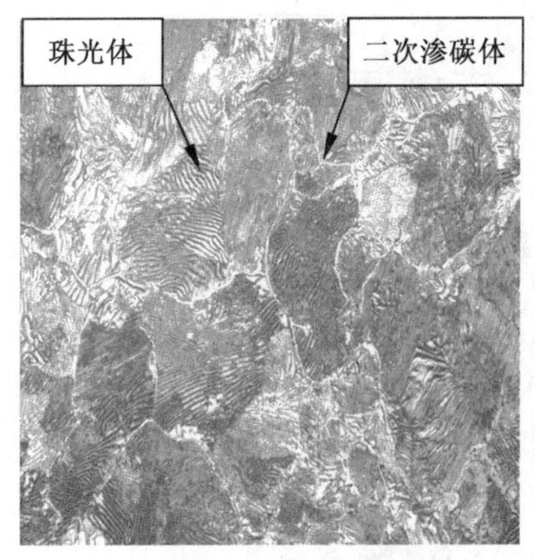

(a) 浸蚀剂：4% 硝酸酒精溶液

(b) 浸蚀剂：苦味酸钠溶液

图 4.4　使用不同浸蚀剂的过共析钢显微组织(T12 钢,退火)(400×)

3. 珠光体

珠光体(P)是铁素体和渗碳体的机械混合物。在一般退火处理情况下,是由铁素体与渗碳体相互混合交替排列形成的层片状组织,铁素体与渗碳体的质量比约为 7.3∶1,所以渗碳体片较薄。经硝酸酒精溶液浸蚀后,在放大倍数不同的显微镜下可以看到具有不同特性的珠光体组织:用放大倍数为 400×的显微镜观察时,为宽白条的铁素体和细黑条的渗碳体,类似人的指纹纹路,如图 4.5(a)所示;在高倍放大时,为平行相间的宽条铁素体和窄条渗碳体,F 与 Fe_3C 均为白色,边界为黑色,如图 4.5(b)所示。

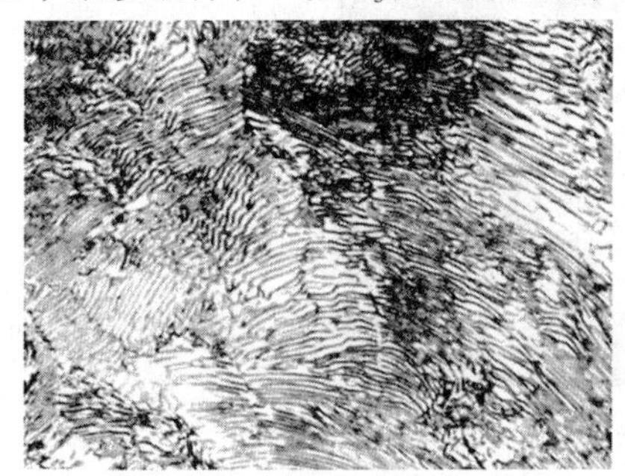

(a) 中倍下的珠光体 (400×)

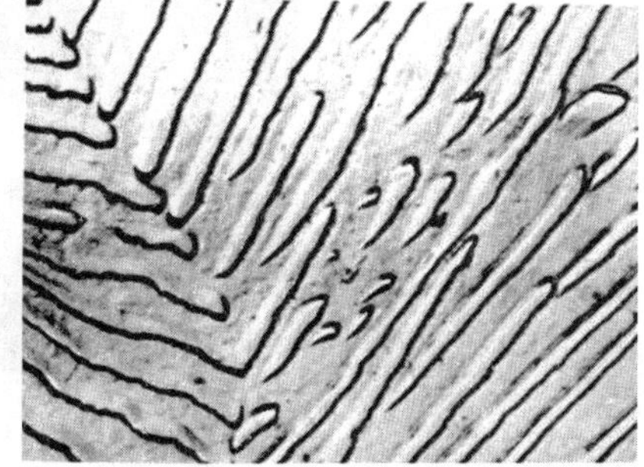

(b) 高倍下的珠光体 (2 000×)

图 4.5　共析钢显微组织(T8 钢,退火)

4. 莱氏体

莱氏体(L_d)在室温时是珠光体和渗碳体的机械混合物。莱氏体硬度高,脆性大,一般存在于碳的质量分数大于 2.11% 的白口铸铁中,在高合金钢的铸造组织中也出现。

渗碳体中包括共晶渗碳体和二次渗碳体,两者相连无界线,无法分辨开。用金相显微镜观察,莱氏体的组织特征是在亮白色的渗碳体的基体上分布着许多黑色点状或条状的珠光体,如图 4.6 所示。

在亚共晶白口铸铁中,莱氏体基体上分布着黑色树枝状和豆粒状的珠光体,其周围常有一圈白亮的二次渗碳体,但与莱氏体中的渗碳体混为一体,分辨不清,如图 4.7 所示。

在过共晶白口铸铁中,莱氏体基体上分布着宽直白条的一次渗碳体,如图 4.8 所示。

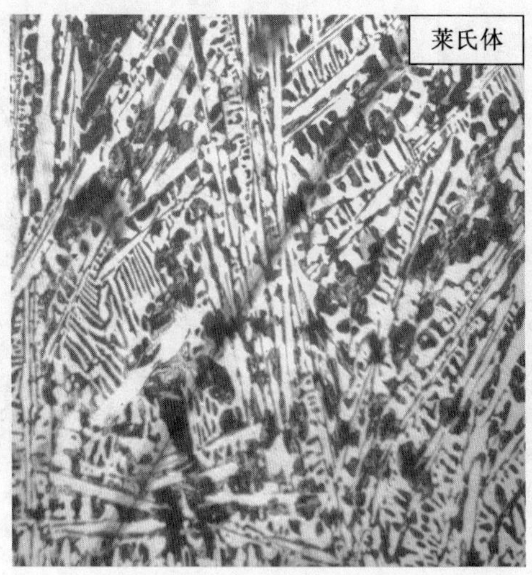

图4.6　共晶白口铁显微组织(铸态)(400×)

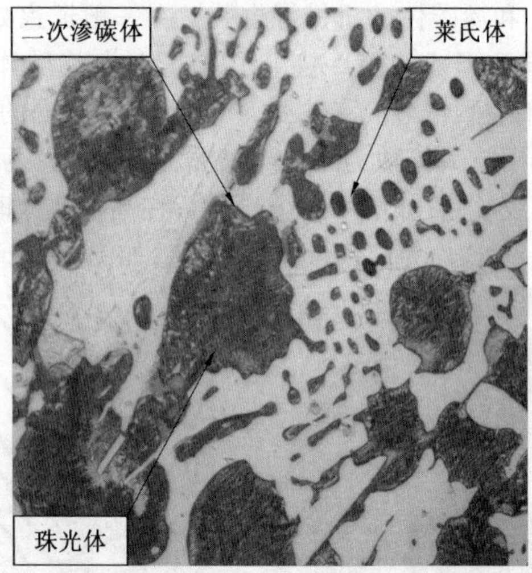

图4.7　亚共晶白口铁显微组织(铸态)(400×)

四、实验方法及注意事项

1. 实验方法指导

①操作金相显微镜时,应先了解显微镜的原理、结构、各主要附件的作用和位置等,了解显微镜使用注意事项,按照显微镜操作程序细心操作。

②认真观察各种材料的显微组织,识别各显微组织的特征。在显微镜下选择各种材料显微组织的典型区域,并根据组织特征,绘出其显微组织示意图。

③记录所观察的各种材料的牌号或名称、显微组织、放大倍数和浸蚀剂,并把显微组织示意图中组织组成物用箭头标出并写出其名称。

④估计20钢、45钢中P和F的相对量(估计视场中P和F各自所占面积的百分比),并应用Fe-Fe_3C相图从理论上计算这两种材料的组织相对量,与实验估计值进行比较。

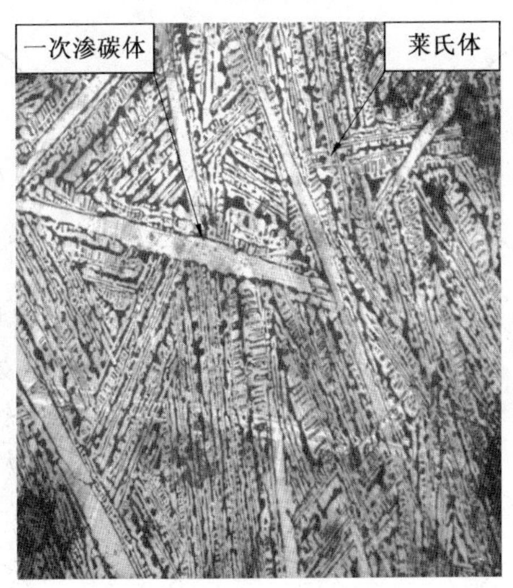

图4.8　过共晶白口铁显微组织(铸态)(400×)

2. 实验注意事项

①在观察显微组织时,先用低倍显微镜全面进行观察,找出典型组织,然后再用高倍显微镜对部分区域进行详细观察。

②在移动金相试样时,不得用手指触摸试样表面或将试样重叠起来,以免引起显微组织模糊不清,影响观察效果。

③画金相组织图时,应抓住组织形态的特点,画出典型区域的组织,注意不要将磨痕或杂质画在图上。

五、实验设备

1. 金相显微镜若干台。
2. 铁碳合金平衡组织试样一套。

六、实验数据

1. 用铅笔画出表4.2中各样品的显微组织,并用箭头标出图中各组织(用符号表示),在图的下方标注试样编号、材料名称、热处理状态、放大倍数和浸蚀剂。

2. 估计20钢、45钢中P和F的相对量(估计视场中P和F各自所占面积的百分比),并应用Fe-Fe_3C相图从理论上计算这两种材料的组织相对量,与实验估计值进行比较。

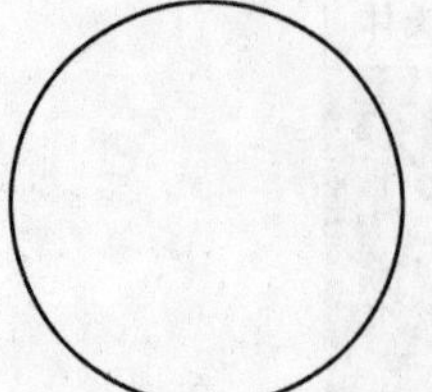

材料名称：
热 处 理：
浸 蚀 剂：
放大倍数：

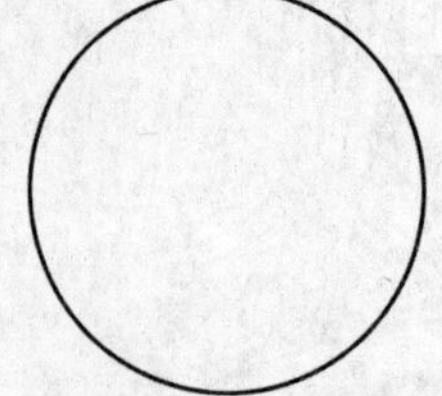

材料名称：
热 处 理：
浸 蚀 剂：
放大倍数：

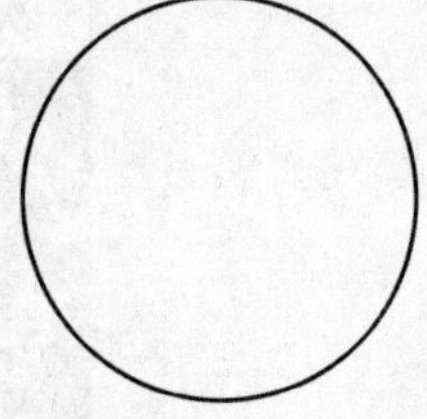

材料名称：
热 处 理：
浸 蚀 剂：
放大倍数：

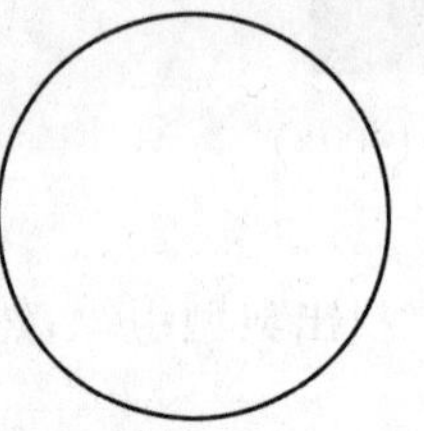

材料名称：
热 处 理：
浸 蚀 剂：
放大倍数：

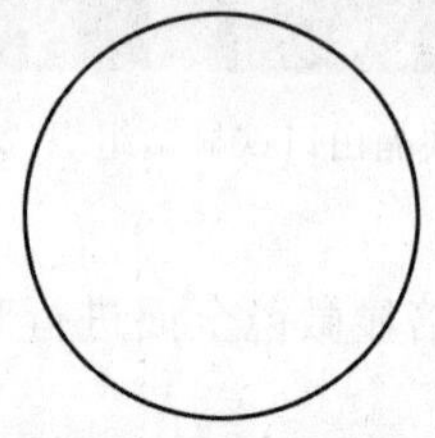

材料名称：
热 处 理：
浸 蚀 剂：
放大倍数：

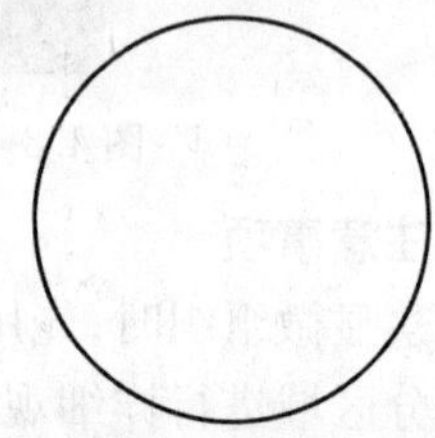

材料名称：
热 处 理：
浸 蚀 剂：
放大倍数：

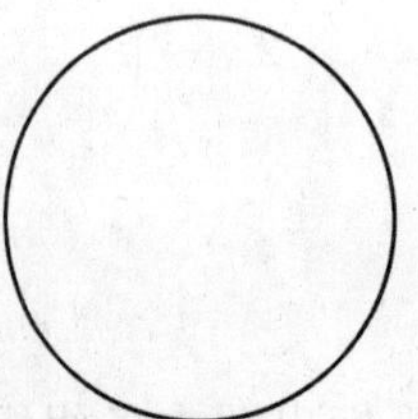

材料名称：
热 处 理：
浸 蚀 剂：
放大倍数：

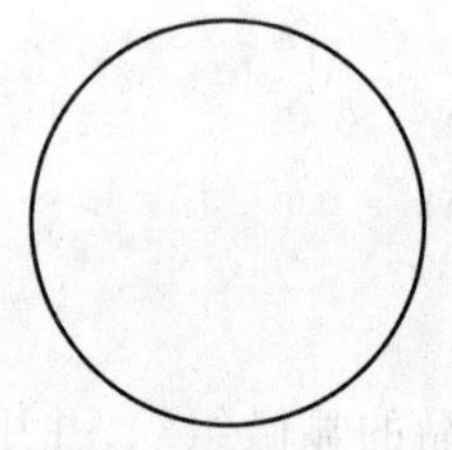

材料名称：
热 处 理：
浸 蚀 剂：
放大倍数：

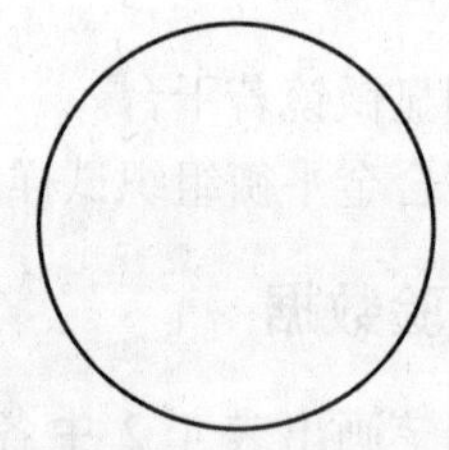

材料名称：
热 处 理：
浸 蚀 剂：
放大倍数：

七、实验报告要求

1. 写出实验目的。

2. 写出实验设备与材料。

3. 画出所观察金相样品的显微组织示意图,并在图中标出组织,在图下标出钢种及放大倍数。

八、思考题

1. 观察铁碳合金显微组织中的铁素体与渗碳体有哪几种形态?分别是什么情况下存在?

2. 铁碳合金的含碳量与平衡组织中的P和F组织组成物的相对数量的关系是什么?

3. 根据观察的组织,说明碳质量分数对铁碳合金组织和性能影响的大致规律。

实验5　碳钢热处理后的显微组织观察与分析

一、实验目的

1. 观察碳钢经不同热处理后的显微组织，深入理解热处理工艺对钢组织与性能的影响。

2. 熟悉碳钢的几种典型不平衡组织的形态与特征。

二、实验内容

1. 观察表5.1所列样品的显微组织。

表5.1　几种碳钢热处理后的显微组织

序号	材料	热处理工艺	浸蚀剂	显微组织特征
1	45钢	860 ℃空冷	4%硝酸酒精溶液	铁素体+索氏体
2	T8钢	860 ℃加热，400 ℃等温淬火	4%硝酸酒精溶液	上贝氏体
3	T8钢	860 ℃加热，300 ℃等温淬火	4%硝酸酒精溶液	下贝氏体
4	20钢	950 ℃水冷	4%硝酸酒精溶液	板条马氏体+残余奥氏体
5	45钢	860 ℃油冷	4%硝酸酒精溶液	细针马氏体+托氏体
6	45钢	860 ℃水冷	4%硝酸酒精溶液	细针马氏体+板条马氏体+残余奥氏体
7	45钢	750 ℃水冷	4%硝酸酒精溶液	针状马氏体+部分铁素体
8	45钢	860 ℃水冷，200 ℃回火	4%硝酸酒精溶液	细针状回火马氏体
9	45钢	860 ℃水冷，400 ℃回火	4%硝酸酒精溶液	针状铁素体+不规则粒状渗碳体（回火托氏体）
10	45钢	860 ℃水冷，600 ℃回火	4%硝酸酒精溶液	等轴状铁素体+粒状渗碳体（回火索氏体）
11	T12钢	750 ℃球化退火	4%硝酸酒精溶液	铁素体+球状渗碳体
12	T12钢	750 ℃水冷	4%硝酸酒精溶液	细针马氏体+粒状渗碳体
13	T12钢	1 000 ℃水冷	4%硝酸酒精溶液	粗片马氏体+残余奥氏体

注：表中的“%”数均为质量分数。

2. 描绘所观察样品的组织示意图，并注明材料、热处理工艺、放大倍数、组织名称、浸蚀剂等。

三、实验原理

碳钢经热处理后的组织可以是接近平衡状态（如退火、正火）的组织，也可以是不平衡状态的组织（如淬火组织）。因此，在研究热处理后的组织时，不但要用铁碳相图，还要用钢的等温冷却转变曲线（C曲线）来分析。图5.1为共析碳钢的C曲线，图5.2为45钢连续冷却转变的CCT曲线。

C曲线能说明在不同冷却条件下过冷奥氏体在不同温度范围内发生不同类型的转变过程及能得到哪些组织。

1. 碳钢的退火组织

亚共析碳钢（如40钢、45钢等）一般采用完全退火，经退火后可得接近于平衡状态的

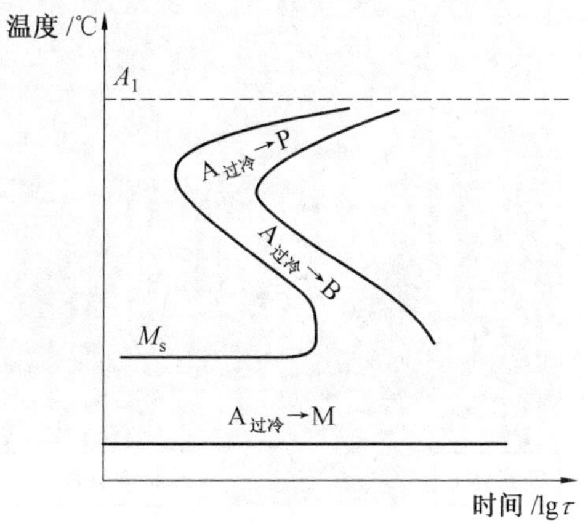

图 5.1 共析碳钢的 C 曲线

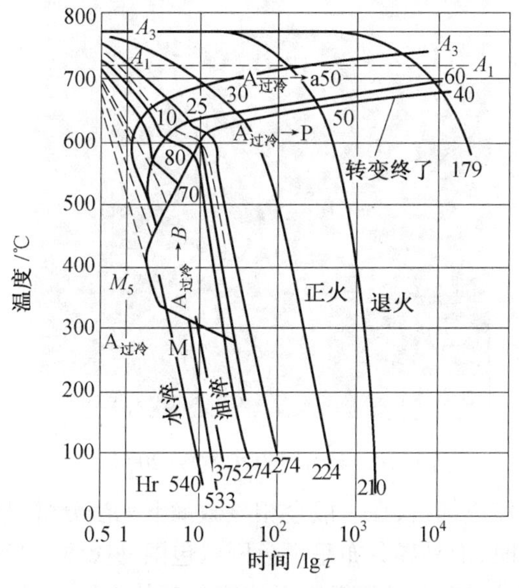

图 5.2 45 钢的 CCT 曲线

组织,其组织形态特征已在实验 4 中分析和观察。

过共析钢(如 T10,T12 碳素工具钢等)则采用球化退火,T12 钢经球化退火后为球化体组织(F+颗粒状 Fe_3C),即组织中的二次渗碳体和珠光体中的渗碳体都呈球状(或粒状),如图 5.3 中白色基体为铁素体,白色均匀分散的细小粒状组织就是粒状渗碳体,渗碳体外面黑色的线为铁素体和渗碳体的相界线(被浸蚀呈黑色)。

2. 索氏体和托氏体的显微组织

索氏体(S)和托氏体(T)是碳钢的正火组织,均是铁素体与片状渗碳体的机械混合物。索氏体片层比珠光体更细密,在高倍显微镜(≥700×)的放大下才能分辨。图 5.4 为 45 钢正火处理后,用 4% 硝酸酒精溶液浸蚀后的显微组织(F+S)。该组织晶粒较细(因冷速较大),其中白色的不规则多边形均为铁素体,黑色为索氏体。

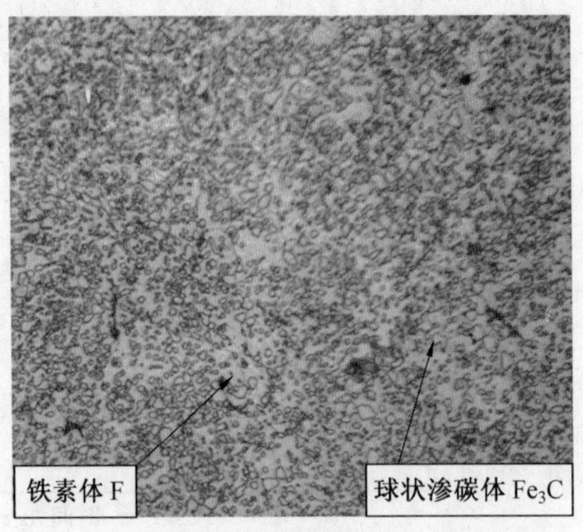

图 5.3 T12 钢球化退火组织(500×)

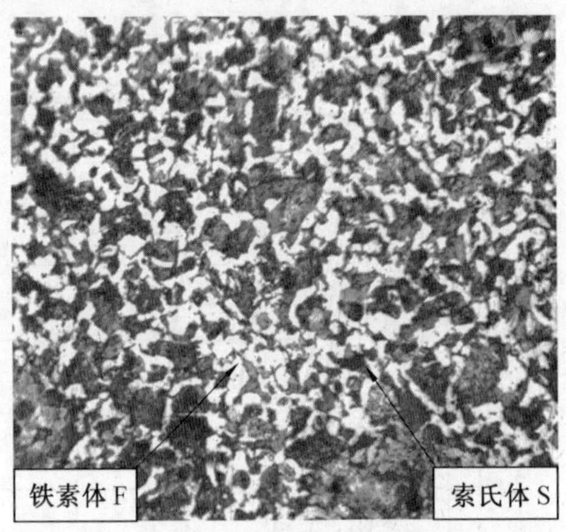

图 5.4 45 钢 860 ℃空冷(200×)

托氏体片层比索氏体更细密,在一般金相显微镜下无法分辨,只能看到如墨菊状的黑色组织。当其少量析出时,沿晶界分布呈黑色网状包围马氏体。当析出量较多时,呈大块黑色晶团状(图 5.10),只有在电子显微镜下才能分辨其中的片层。

3. 贝氏体的组织形态

贝氏体(B)是钢在 550 ℃ ~ Ms 范围内等温冷却的转变产物。贝氏体是微过饱和铁素体与渗碳体的两相混合物,其金相形态与珠光体类组织不同。根据等温温度和组织形态不同,贝氏体主要有上贝氏体和下贝氏体。

上贝氏体是钢在 550 ~ 350 ℃范围内过冷奥氏体的等温转变产物。它是由成束平行排列的条状铁素体和条间断续分布的渗碳体所组成的片层状组织,当转变量不多时,在光学显微镜下可看到成束的铁素体在奥氏体晶界内伸展,具有羽毛状特性。图 5.5 为 T8 钢 860 ℃加热和保温后,在 400 ℃等温(过冷奥氏体转变,但尚未转变结束)并水淬,用 4% 硝酸酒精溶液浸蚀后的显微组织。图中成束或片状的为铁素体条,淡灰白基体为马氏体和残余奥氏体。

下贝氏体是钢在 350 ℃ ~ Ms 范围内过冷奥氏体的等温转变产物,它是在片状铁素体内部沉淀有碳化物的组织。由于易受浸蚀,所以在显微镜下呈黑色针状特征,图5.6为T8钢860 ℃加热和保温后,在300 ℃等温(过冷奥氏体转变,但尚未转变结束)并水淬,用4%硝酸酒精溶液浸蚀后的显微组织。图5.6中黑色的针状条纹为下贝氏体(实际是弥散碳化物与铁素体相界面被浸蚀之故),淡灰白基体为马氏体和残余奥氏体。

在观察上下贝氏体组织时,应注意为显示贝氏体组织形态,试样的处理条件一般是在等温温度下保持不长的时间后即在水中冷却,因此只形成部分贝氏体,显微组织中呈白亮色的基体部分为淬火马氏体组织。

图5.5 T8钢400 ℃等温淬火(400×)

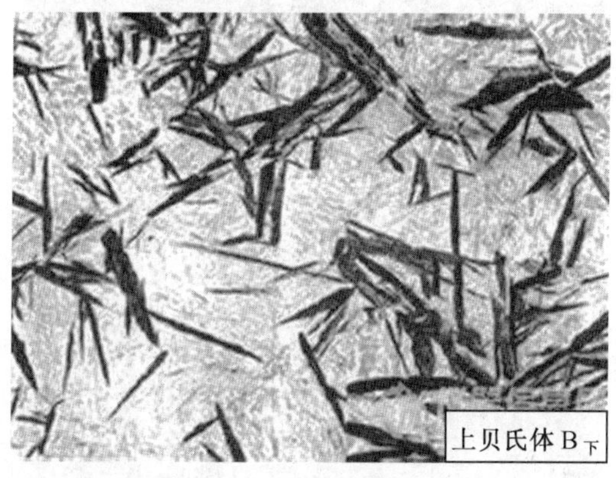

图5.6 T8钢300 ℃等温淬火(400×)

4. 淬火马氏体的组织形态

淬火马氏体的组织形态,根据马氏体中碳质量分数的不同有板条状和针或片状马氏体两种。

20钢经淬火后将得到板条状马氏体。在光学显微镜下,其形态呈现为一束束相互平行的细条状马氏体群。在一个奥氏体晶粒内可有几束不同取向的马氏体群,每束条与条之间以小角度晶界分开,束与束之间具有较大的位向差,如图5.7所示。

45钢加热至750 ℃后水淬,由于加热温度低于Ac_3线,钢中尚有未转变的铁素体,得到的组织将是马氏体和铁素体的亚温淬火组织,如图5.8所示。

45钢经正常淬火后将得到细针状马氏体和板条状马氏体的混合组织,如图5.9所示。由于马氏体针非常细小,故在显微镜下不易分清。

图 5.7　20 钢 950 ℃水冷(400×)

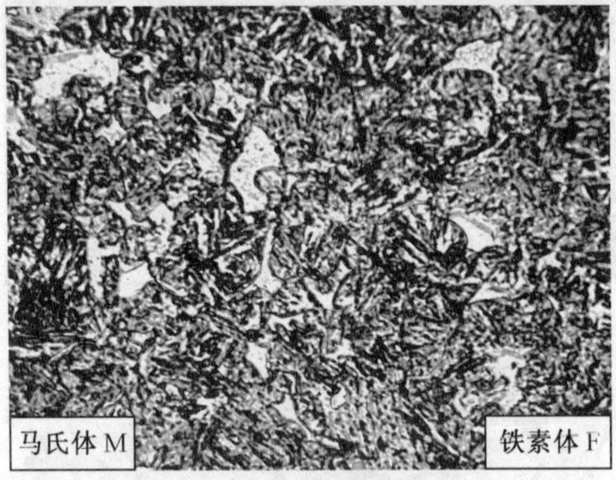

图 5.8　45 钢 750 ℃水冷(400×)

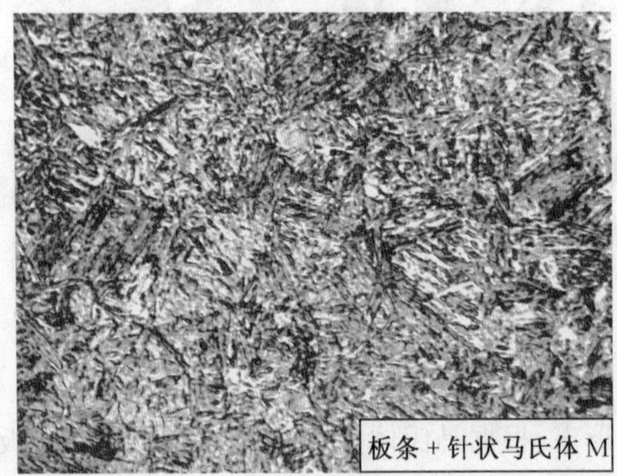

图 5.9　45 钢 860 ℃水冷(400×)

45 钢加热至 860 ℃后油淬,得到的组织将是马氏体和部分托氏体(或混有少量的上贝氏体),如图 5.10 所示。

含碳质量分数相当于过共析成分的奥氏体淬火后除得到针状马氏体外,还有较多的残余奥氏体。T12 碳钢在正常温度淬火后将得到细小针状马氏体(黑色基体)加部分未溶入奥氏体中的球形渗碳体(白色颗粒)和少量残余奥氏体,如图 5.11 所示。但是当把此钢加热到较高温度(过热淬火)时,显微镜组织中出现粗大针状马氏体,并在马氏体针之

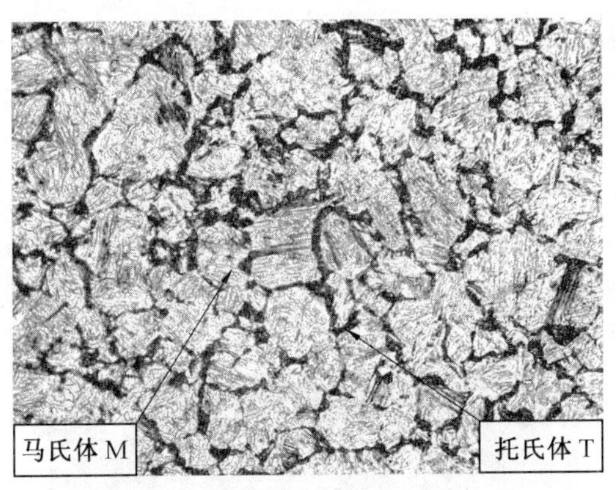

图5.10　45钢860 ℃油冷(400×)

间看到亮白色的残余奥氏体,使钢的性能恶化,如图5.12所示。

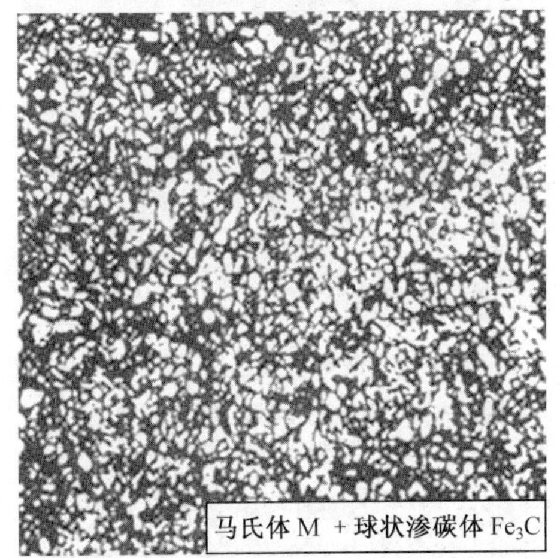

图5.11　T12钢780 ℃淬火(500×)

图5.12　T12钢1 000 ℃水冷(400×)

5. 碳钢回火后的组织

淬火钢经不同温度回火后所得到的组织不同，通常按组织特征分为以下三种。

(1)回火马氏体

淬火钢经低温回火(150 ~ 250 ℃)，马氏体内析出高度弥散的碳化物质点，这种组织称为回火马氏体($M_{回}$)。回火马氏体仍保持针状特征，但容易浸蚀，故颜色比淬火马氏体深些，是暗黑色的针状组织，如图 5.13 所示。回火马氏体具有高的强度和硬度，而韧性和塑性较淬火马氏体有明显改善。

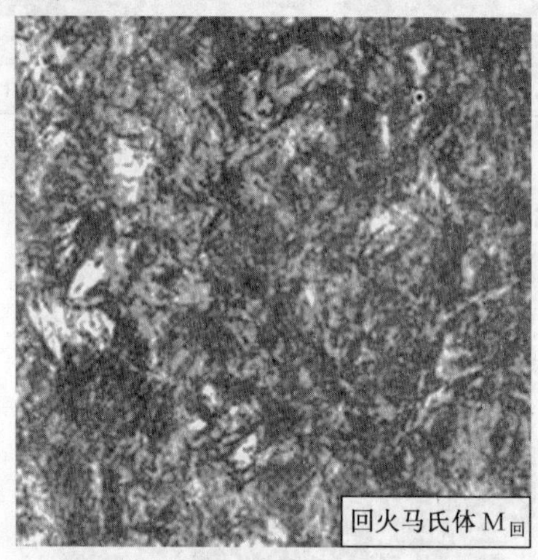

图 5.13　45 钢 860 ℃水冷，200 ℃回火

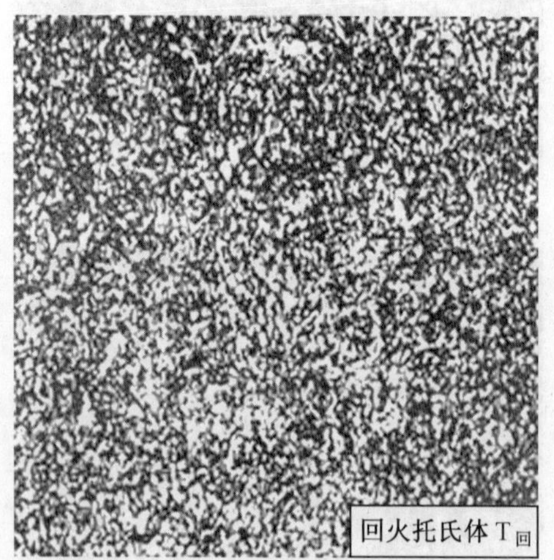

图 5.14　45 钢 860 ℃水冷，400 ℃回火

(2)回火托氏体

淬火钢经中温回火(350 ~ 500 ℃)得到在铁素体基体中弥散分布着微小颗粒状渗碳体的组织，称为回火托氏体($T_{回}$)。回火托氏体中的铁素体仍然基本保持原来针状马氏体的形态，渗碳体则呈细小的颗粒状，在光学显微镜下不易分辨清楚，故呈暗黑色，如图5.14 所示。回火托氏体有较好的强度、硬度、韧性和很好的弹性。

(3)回火索氏体

淬火钢高温回火(500～650 ℃)得到的组织称为回火索氏体($S_{回}$),其特征是已经聚集长大了的渗碳体颗粒均匀分布在铁素体基体上。回火索氏体中的铁素体已不呈针状形态而呈等轴状,如图5.15所示。对比图5.14与图5.15两种回火组织,可以看出,$T_{回}$的碳化物极细小,而$S_{回}$中的碳化物颗粒粗大,铁素体基体特征明显。回火索氏体具有强度、硬度、韧性和塑性较好的综合机械性能。

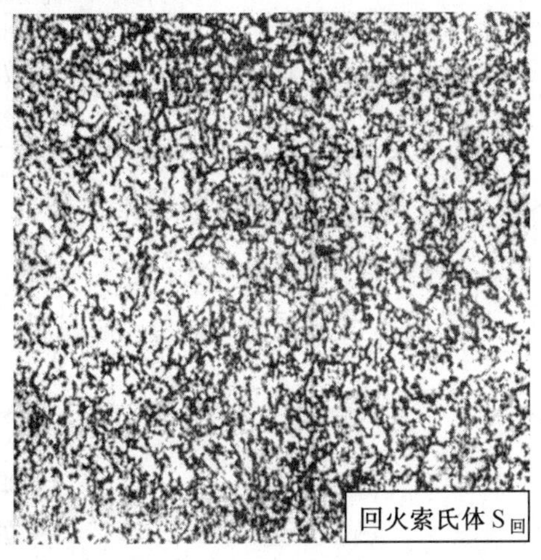

图5.15　45钢860 ℃水冷,600 ℃回火

四、实验设备

1. 金相显微镜若干台。
2. 碳钢热处理后的组织试样一套。

五、实验数据

在下图画出所观察到的表5.1中各样品显微组织示意图,在对应位置处标明组成物名称,在圆的下方标注材料名称,热处理状态,放大倍数和浸蚀剂。

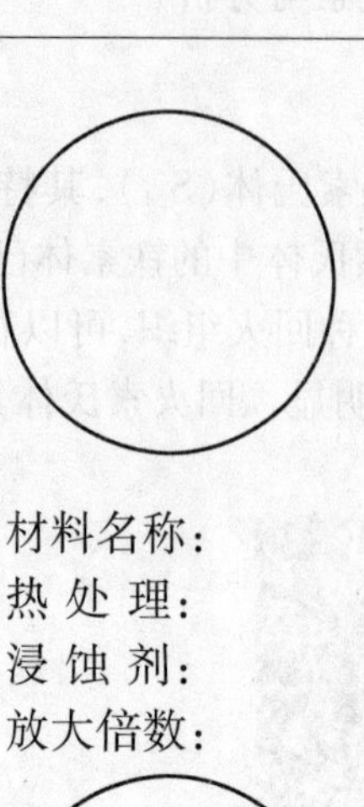

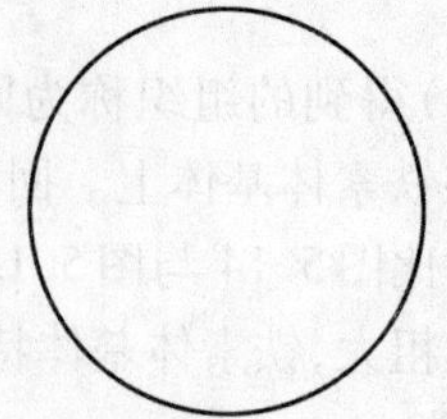

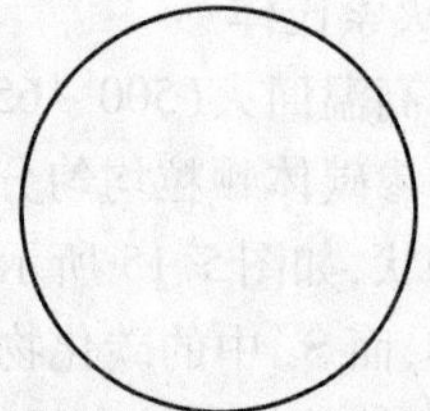

材料名称：　　材料名称：　　材料名称：
热 处 理：　　热 处 理：　　热 处 理：
浸 蚀 剂：　　浸 蚀 剂：　　浸 蚀 剂：
放大倍数：　　放大倍数：　　放大倍数：

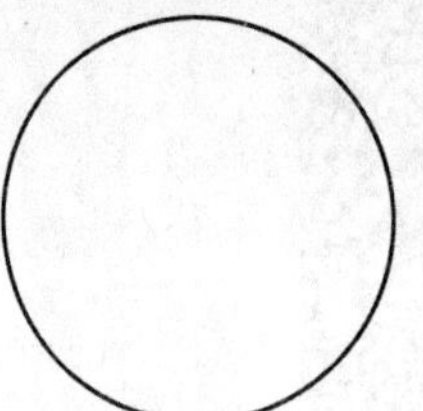

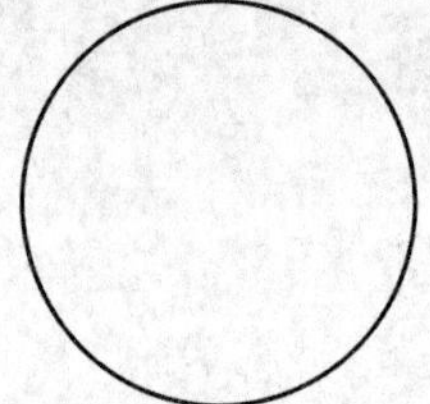

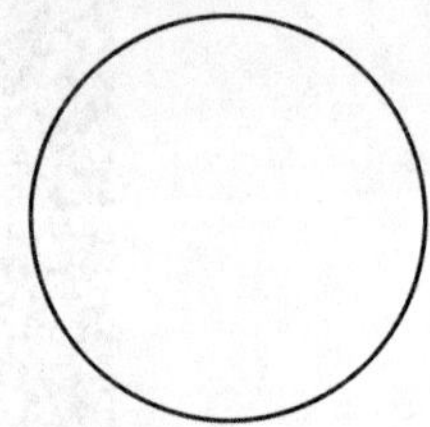

材料名称：　　材料名称：　　材料名称：
热 处 理：　　热 处 理：　　热 处 理：
浸 蚀 剂：　　浸 蚀 剂：　　浸 蚀 剂：
放大倍数：　　放大倍数：　　放大倍数：

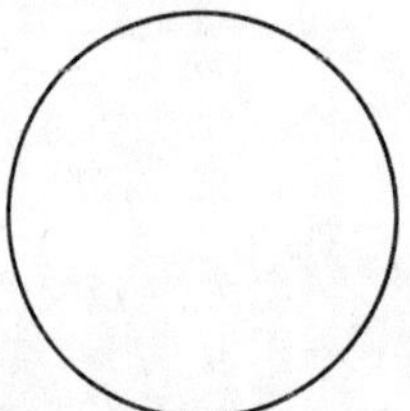

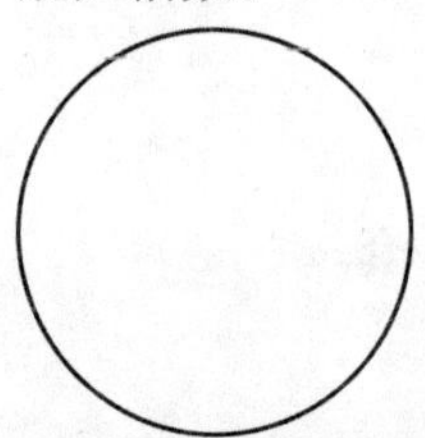

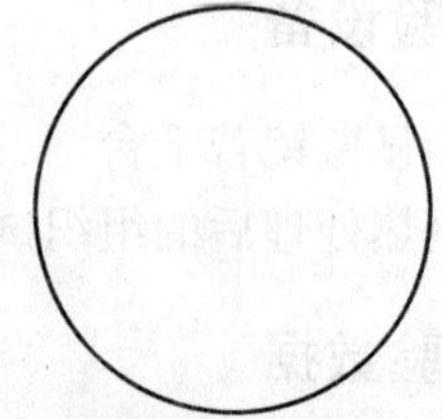

材料名称：　　材料名称：　　材料名称：
热 处 理：　　热 处 理：　　热 处 理：
浸 蚀 剂：　　浸 蚀 剂：　　浸 蚀 剂：
放大倍数：　　放大倍数：　　放大倍数：

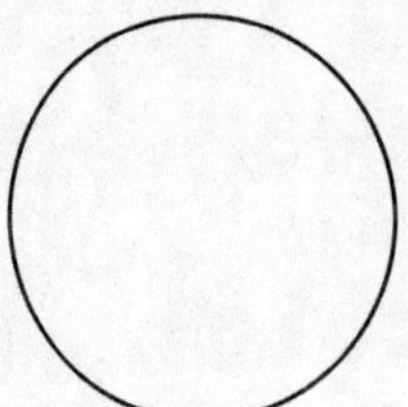

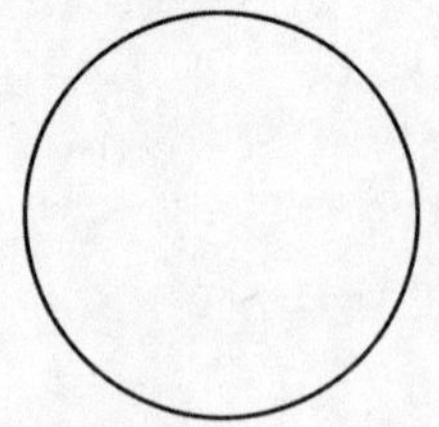

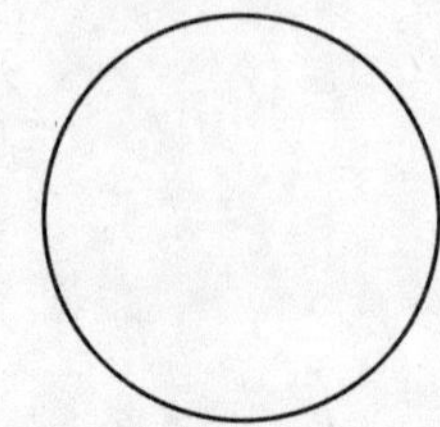

材料名称：　　材料名称：　　材料名称：
热 处 理：　　热 处 理：　　热 处 理：
浸 蚀 剂：　　浸 蚀 剂：　　浸 蚀 剂：
放大倍数：　　放大倍数：　　放大倍数：

六、实验报告

1. 写出实验目的。

2. 画出所观察样品的显微组织图，标上组织组成物。

3. 运用铁碳合金相图及相应钢种的 C 曲线，根据具体的热处理条件分析所得组织及特征。

七、思考题

1. 45 钢淬火后硬度不足，如何用金相分析来断定是淬火加热温度不足还是冷却速度不够？

2. 45 钢调质处理得到的组织和 T12 球化退火得到的组织在本质、形态、性能和用途上有何差异？

3. 指出下列工件的淬火及回火温度，并说明回火后所获得的组织：

(1)45 钢的小轴；(2)60 钢的弹簧；(3)T12 钢的锉刀。

实验 6　合金钢与铸铁的显微组织观察与分析

一、实验目的

1. 观察各种常用合金钢和铸铁的显微组织。

2. 分析这些合金钢和铸铁的组织和性能的关系及应用。

二、实验内容

1. 观看多媒体计算机演示常用金属的显微组织,并且分析其组织形态的特征。

2. 在金相显微镜下观察和分析表 6.1 中常用合金钢和铸铁的显微组织,画出组织示意图,并标明各种组织组成物的名称。

3. 分析这些合金钢和铸铁的显微组织特点和与其性能之间的关系及应用。

三、实验原理

1. 几种常用合金钢的显微组织

合金钢是在碳钢的基础上加入适当和适量合金元素而得到的,按用途将合金钢分为三大类:合金结构钢、合金工具钢和特殊性能钢。

(1)合金结构钢

合金结构钢是在碳钢的基础上加入某些合金元素,铁碳合金相图发生一些变动,但其平衡状态的显微组织与碳钢的显微组织并没有本质的区别。合金钢热处理后的显微组织与碳钢的显微组织也没有根本的不同,差别只是在于合金元素都使 C 曲线右移(Co 除外),即以较低的冷却速度可以获得马氏体组织。例如,40Cr 钢经调质后的显微组织和 45 钢调质后的显微组织基本相同,都是回火索氏体,GCr15 钢(轴承钢)840 ℃油淬低温回火试样的显微组织与 T12 钢 780 ℃水淬低温回火的显微组织基本相同,都得到回火马氏体+碳化物的组织。

(2)合金工具钢

高速钢是一种常用的高合金工具钢,如 W18Cr4V。因含有大量合金元素,使铁碳合金相图中的 E 点左移较多,以致它虽然碳质量分数只有 0.7% ~0.8% ,但已含有莱氏体组织,所以称为莱氏体钢。

①铸态的高速钢的显微组织为共晶莱氏体、黑色组织、马氏体和残余奥氏体。其中鱼骨状组织是共晶莱氏体分布在晶界附近,黑色的心部组织为 δ 共析相(屈氏体-索氏体混合组织),晶粒外层为马氏体和残余奥氏体。

②锻造退火的显微组织。由于铸造组织中碳化物的分布极不均匀,且有鱼骨状的莱氏体组织,必须采用反复锻造、多次锻拔的方法将碳化物击碎使其分布均匀,然后进行去除锻造内应力退火,得到的组织为索氏体和碳化物。

③ 淬火与回火后的组织。高速钢只有经过淬火和回火才能获得所要求的高硬度与高红硬性。W18CrV 通常采用的淬火温度(1 270 ~1 280 ℃)较高,以使奥氏体充分合金

化,保证最终有较高的红硬性,淬火时可在油中或空气中冷却。淬火组织由马氏体(60%~70%)和残余奥氏体(25%~30%)及加热时未熔的碳化物(约10%)组成,由于淬火组织中存在较多的残余奥氏体,一般都在560 ℃进行三次回火。经淬火和三次回火后得到的组织为回火马氏体+碳化物+少量残余奥氏体(2%~3%)。

(3)不锈钢

不锈钢是在大气、海水及其他侵蚀性介质条件下能稳定工作的钢种,大都属于高合金钢,应用最广泛的是1Cr18Ni9。较低的碳质量分数、较高的铬质量分数是保证耐蚀性的重要因素,加镍除了进一步提高耐蚀能力外,主要是为了获得奥氏体组织。这种钢在室温下的平衡组织是奥氏体+铁素体+$(CrFe)_{23}C_6$。为了提高耐蚀性以及其他性能,必须进行固溶处理将钢加热到1 050~1 150℃,使碳化物等全部溶解,然后水冷,即可在室温下获得单一奥氏体组织。

2. 铸铁的显微组织

铸铁组织(除白口铸铁以外)可以认为是在钢的基体上分布着不同形态、尺寸和数量的石墨,其中石墨形状和数量的变化对性能起着重要影响。根据石墨形态不同,铸铁可分为灰铸铁、球墨铸铁、可锻铸铁和蠕墨铸铁等。

石墨的强度和塑性几乎为零,可以把铸铁看成是布满裂纹或孔洞的钢,因此其抗拉强度和塑性远比钢低;并且石墨数量越多,尺寸越大或分布越不均匀,石墨对基体削弱和割裂的作用就越大,铸铁的性能越差。

(1)灰铸铁中石墨呈粗大片状,根据石墨化程度不同,灰铸铁有三种不同的基体组织,即珠光体、珠光体+铁素体、铁素体基体。其中铁素体基体的灰铸铁韧性最好,而珠光体基体的灰铸铁强度最高。

(2)球墨铸铁是在铁水中加入了球化剂进行球化处理,使石墨变成球状,因而大大削弱了对基体的割裂作用,使其性能显著提高。球墨铸铁也有珠光体、珠光体+铁素体、铁素体三种基体。

(3)可锻铸铁,又称马口铁,是由白口铸铁经石墨化退火处理而得到的一种铸铁。其中石墨呈团絮状,由于团絮状石墨显著削弱了对基体的割裂作用,因而使可锻铸铁的力学性能比灰铸铁有明显提高。可锻铸铁分铁素体和珠光体两种基体,铁素体基体的可锻铸铁应用较多。

四、实验步骤与方法

1. 实验前复习相关内容和阅读实验指导书,为实验做好理论方面的准备。

2. 领取各种类型合金材料的金相试样(见表6.1),在显微镜下进行观察,并分析其组织形态特征。

3. 观察各类成分的合金,要结合相图和热处理条件来分析应该具有的组织,着重区别各自的组织形态特点。

4. 认识组织特征之后,再画出所观察试样的显微组织图。画组织图时应抓住组织形态的特点,画出典型区域的组织。

5. 观察分析几种铸铁中石墨的形态、基体特征对性能的影响。

表 6.1 合金钢及铸铁试样

样品序号	材料名称	热处理工艺	浸蚀剂
1	16Mn	淬火处理	4% 硝酸酒精
2	40Cr	调质处理	4% 硝酸酒精
3	GCr15	840 ℃油淬 200 ℃回火	4% 硝酸酒精
4	W18Cr4V	1 280 ℃油淬 560 ℃三次回火	4% 硝酸酒精
5	1Cr18Ni9	固溶处理	王水溶液(硝酸 1 份,盐酸 3 份)
6	灰铸铁	铸态	4% 硝酸酒精
7	球墨铸铁	铸态	4% 硝酸酒精
8	可锻铸铁	石墨化退火	4% 硝酸酒精

五、实验设备及材料

1. 设备:多媒体计算机、金相显微镜、扫描电子显微镜。

2. 材料:合金钢及铸铁的金相试样若干套及金相图册一套。

六、实验数据

几种典型合金钢及铸铁试样分析。

1. 16Mn

16Mn 钢是目前我国应用最广的低合金钢,广泛应用于各种板材、钢管。16Mn 属于低碳钢,碳质量分数为 0.12% ~0.20%,正火后组织为 F+S。在 400 倍显微镜下索氏体基本上不可分辨,如图 6.1 所示。

16Mn 钢属于碳锰钢,16Mn 钢的合金含量较少,焊接性良好,焊前一般不必预热。加入合金元素锰,使 C 曲线右移,在淬火处理后组织为马氏体组织,如图 6.2 所示。但由于 16Mn 钢的淬硬倾向比低碳钢稍大,所以在低温下(如冬季露天作业)或在大刚性、大厚度结构上焊接时,为防止出现冷裂纹,需采取预热措施。

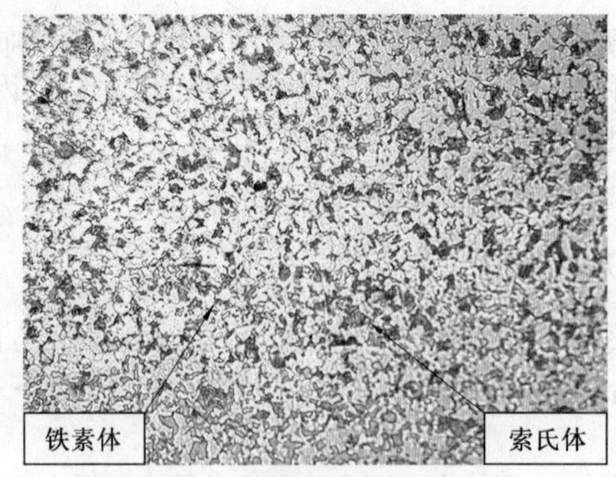

图 6.1 16Mn 正火(400×)

2. 65Mn

65Mn 钢中加入锰提高钢的淬透性,但 Mn 质量分数过大会导致过热现象。

特性:65Mn 钢经热处理后的综合力学性能优于碳钢,65Mn 钢板强度、硬度、弹性和淬

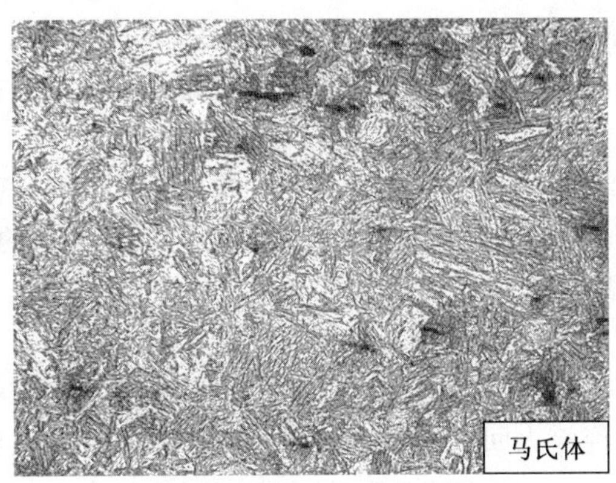

图6.2　16Mn 淬火(400×)

透性均比65号钢高,但有过热敏感性和回火脆性,如图6.3所示。

应用:用于制造小尺寸各种扁圆弹簧、座垫弹簧、弹簧发条,也可制作弹簧环、气门簧、离合器簧片、刹车弹簧及冷拔钢丝冷卷螺旋弹簧。

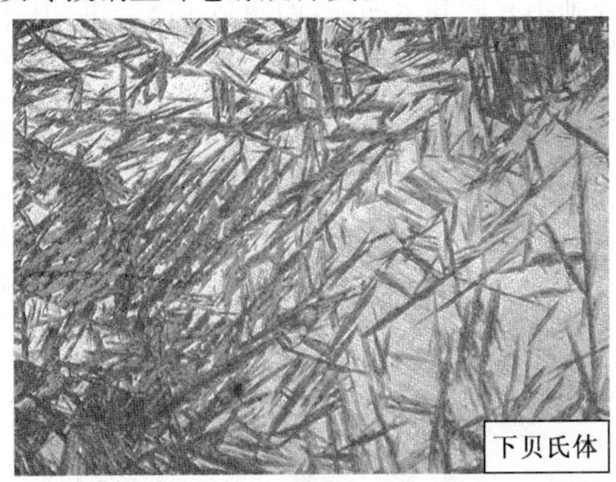

图6.3　65Mn 等温淬火(400×)

3. 30 CrMnSi

30CrMnSi是高强度调质结构钢,组织形貌为保持马氏体位向的回火索氏体,并出现极少量的铁素体,如图6.4所示。

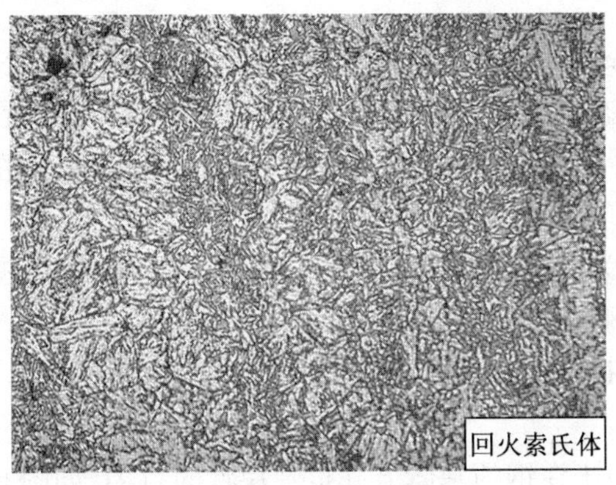

图6.4　30CrMnSi 等温淬火(400×)

特性:具有很高的强度和韧性,淬透性较高,冷变形塑性中等,切削加工性能良好,有回火脆性倾向,横向的冲击韧性差;焊接性能较好,但厚度大于 3 mm 时,应先预热到 150 ℃,焊后需热处理,一般调质后使用。

用途:多用于制造高负荷、高速的各种重要零件,如齿轮、轴、离合器、链轮、砂轮轴、轴套、螺栓、螺母等,也用于制造耐磨、工作温度不高的零件,变载荷的焊接构件,如高压鼓风机的叶片、阀板以及非腐蚀性管道管子。

4. GCr15

GCr15 是滚动轴承钢,是一种常用的高铬轴承钢,具有高淬透性,热处理后可获得高而均匀的硬度。GCr15 经淬火回火处理后,组织为马氏体+残余奥氏体+碳化物,如图6.5 所示。

特性:综合性能良好,球化退火后有良好的切削加工性能;淬火和回火后硬度高而且均匀,耐磨性能好,接触疲劳强度高,热加工性能好;含有较多的合金元素,价格比较便宜,但是白点敏感性强,焊接性能较差。

用途:用于制作各种轴承套圈和滚动体,例如制作内燃机、电动机车、通用机械以及高速、重载机械传动轴承的钢球、滚子和套圈,除做滚珠、轴承套圈等外,有时也用来制造工具,如冲模、量具。

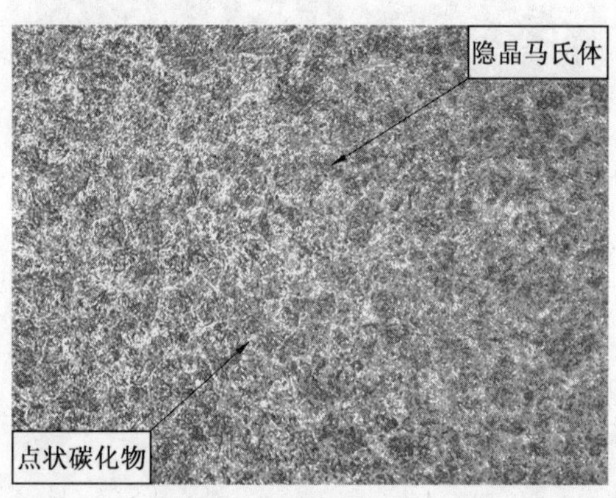

图 6.5　GCr15 淬火回火后(400×)

5. ZGMn13

高锰钢(High Manganese Steel)是指锰的质量分数为 10% 以上的合金钢。

性能:高锰钢的铸态组织通常是由奥氏体、碳化物和珠光体所组成,有时还含有少量的磷共晶。碳化物数量多时常在晶界上呈网状出现。因此,铸态组织的高锰钢很脆,无法使用,需要进行固溶处理,如图 6.6 所示。

用途:高锰钢是专为重工业提供使用的一种防磨钢材,应用领域包括采石、采矿、挖掘、煤炭工业、铸造和钢铁行业等。

6. 几种铸铁的组织与性能

(1)灰铸铁

灰铸铁的组织相当于在钢的基体上分布着片状的石墨,如图 6.7 和图 6.8 所示。灰铸铁力学性能较差,生产中常对灰铸铁进行孕育处理。由于在铸造之前向铁液中加入了

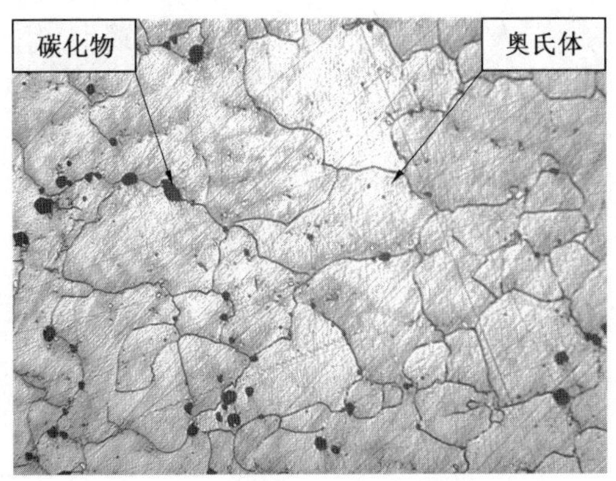

图6.6　ZGMn13铸态(400×)

孕育剂(也称变质剂),因此结晶时石墨晶核数目增多,石墨片尺寸变小,更为均匀地分布在基体中,性能得到明显提高。

性能:灰铸铁有一定的强度,但塑性和韧性很低;有良好的减震性、润滑性能、导热性能,还有良好的铸造性能,其流动性能良好,铸件不易产生开裂;较低的缺口敏感性和良好的切削加工性能。

用途:因为具有良好的减震性,用灰铸铁制作机器设备上的底座或机架等零件时,能有效地吸收机器震动的能量;铸造结构复杂的铸件和薄壁铸件,如汽车的汽缸体、汽缸盖等。

图6.7　灰铸铁($F+G_{片}$)(400×)

(2)球墨铸铁

球墨铸铁是在铁水中加入球化剂,浇注后石墨呈球形析出,因而大大削弱了石墨对基体的割裂作用,并能通过热处理使铸铁的性能显著提高,如图6.9和图6.10所示。

性能:球墨铸铁的石墨呈球状,使其具有很高的强度,又有良好的塑性和韧性;其综合机械性能接近于钢,因其铸造性能好,成本低廉,生产方便,在工业中得到了广泛应用。

用途:适用于受力复杂、要求具有良好的综合力学性能的球墨铸铁件,如发动机连杆、曲轴、凸轮轴和滚动轴承座圈等零件。

(3)可锻铸铁

可锻铸铁是白口铸铁通过石墨化退火处理得到的一种高强韧铸铁,其具有较高的强

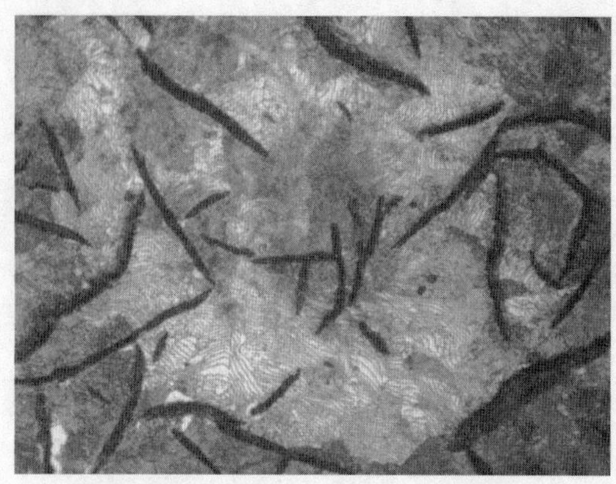

图 6.8　灰铸铁组织（P+$G_{片}$）（400×）

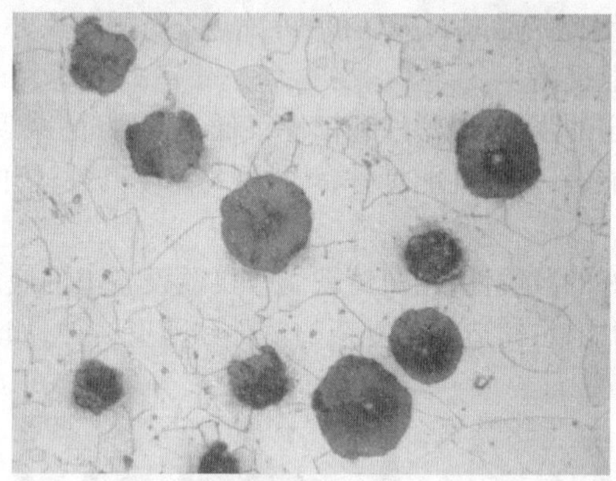

图 6.9　球墨铸铁组织（F+$G_{球}$）（400×）

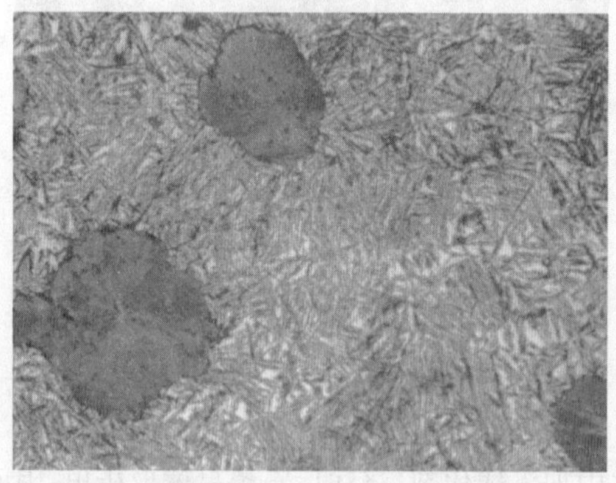

图 6.10　球墨铸铁淬火（B+M+A′+$G_{球}$）（400×）

度、塑性和冲击韧度，可以部分代替碳钢。可锻铸铁的组织有两种类型：铁素体（F）+团絮状石墨（G）、珠光体（P）+团絮状石墨（G）。图 6.11 为可锻铸铁组织（F+$G_{团}$）。

性能：由于可锻铸铁中的石墨呈团絮状，对基体的割裂作用较小，因此它的力学性能比灰铸铁好，塑性和韧性好，但可锻铸铁并不能进行锻压加工。可锻铸铁的基体组织不同，其性能也不一样，其中黑心可锻铸铁具有较高的塑性和韧性，而珠光体可锻铸铁具有较高的强度、硬度和耐磨性。

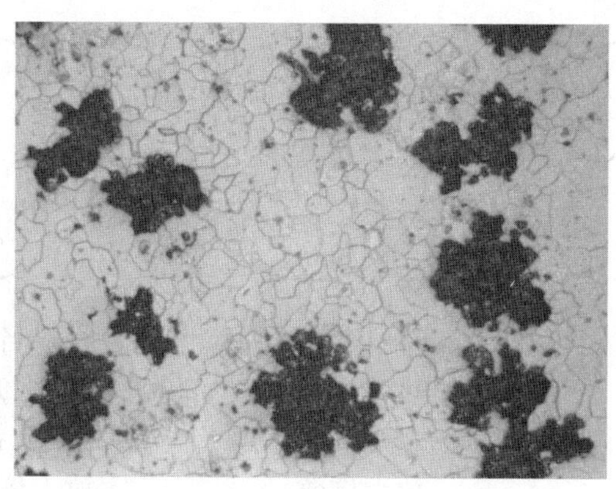

图6.11　可锻铸铁组织($F+G_{团}$)(400×)

用途:黑心可锻铸铁用于承受冲击、震动和扭转载荷的零件,如制造汽车后桥、弹簧支架、低压阀门、管接头、工具扳手等;珠光体可锻铸铁常用来制造动力机械和农业机械的耐磨零件,国际上有用于制造汽车凸轮轴的例子;白心可锻铸铁由于可锻化退火时间长而较少应用。

七、实验报告

1. 写出实验目的。

2. 分析讨论各类合金钢组织的特点,并与相应碳钢组织作比较,同时把组织特点同性能和用途联系起来。

3. 分析各类铸铁组织的特点,并同钢的组织作对比,指出铸铁的性能和用途的特点。

4. 根据所观察结果,综合分析各类合金的显微组织特征以及组织对性能的影响。

5. 在下图画出所观察到的合金钢和铸铁试样(表6.1)的组织示意图,在对应位置处标明组成物名称,在圆的下方标注材料名称、热处理状态、放大倍数和浸蚀剂。

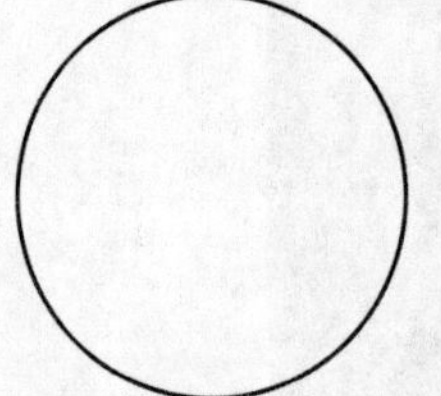	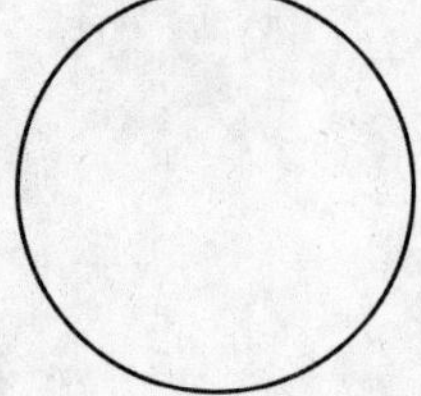	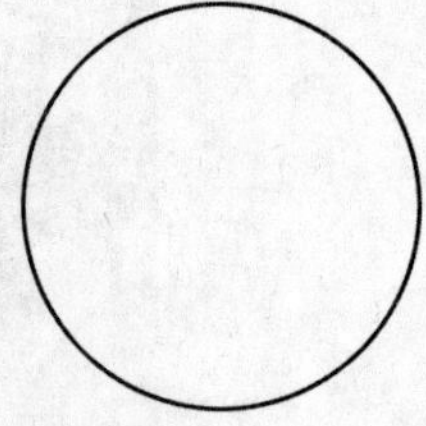
材料名称: 热 处 理: 浸 蚀 剂: 放大倍数:	材料名称: 热 处 理: 浸 蚀 剂: 放大倍数:	材料名称: 热 处 理: 浸 蚀 剂: 放大倍数:
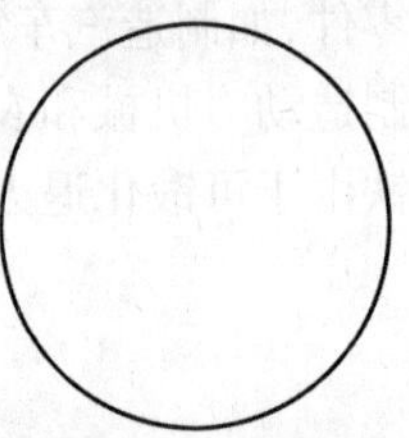	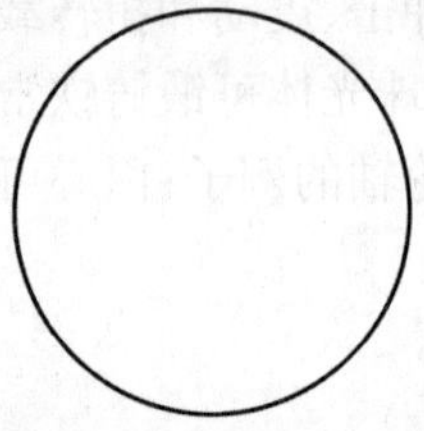	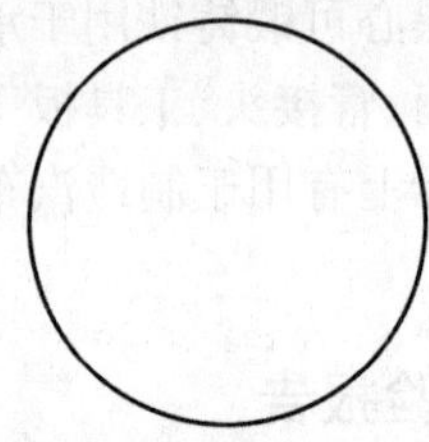
材料名称: 热 处 理: 浸 蚀 剂: 放大倍数:	材料名称: 热 处 理: 浸 蚀 剂: 放大倍数:	材料名称: 热 处 理: 浸 蚀 剂: 放大倍数:
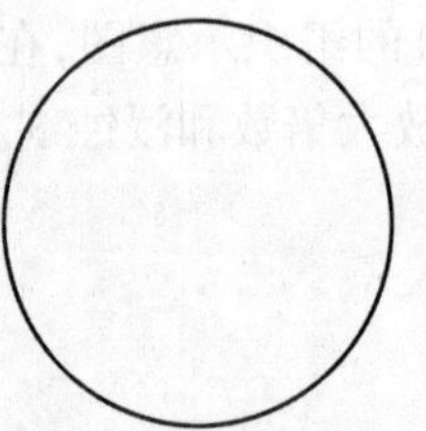	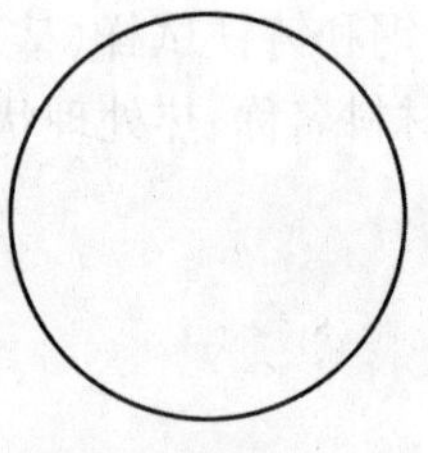	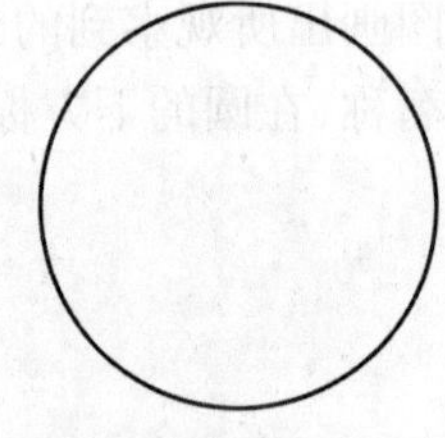
材料名称: 热 处 理: 浸 蚀 剂: 放大倍数:	材料名称: 热 处 理: 浸 蚀 剂: 放大倍数:	材料名称: 热 处 理: 浸 蚀 剂: 放大倍数:

八、思考题

1. 合金钢与碳钢比较组织上有什么不同？性能上有什么差别？使用上有什么优越性？

2. 为什么工业上的大构件（如大型发电机转子）和小型工件（如小板牙）都必须采用合金钢制造？

3. 轴承钢为什么要用铬钢？为什么对其中的非金属夹杂的限制要特别严格？

4. 高速钢（W18Cr4V）的热处理工艺是怎样的？有何特点？

5. 要使球墨铸铁分别得到回火索氏体和下贝氏体组织，应进行何种热处理？

6. 试分析不同铸铁中石墨形态对性能的影响。

实验7 扫描电子显微镜分析技术

一、实验目的

1. 了解扫描电子显微镜的基本结构与工作原理。
2. 掌握扫描电子显微镜样品的制备方法。
3. 熟悉扫描电子显微镜的基本操作,了解二次电子像的拍摄方法。
4. 了解扫描电子显微镜图片的分析与描述方法。

二、实验内容

1. 介绍扫描电子显微镜的基本情况与最新进展。
2. 结合具体仪器介绍扫描电子显微镜的结构与工作原理。
3. 重点介绍扫描电子显微镜样品的制备方法,并要熟练掌握。
4. 操作扫描电子显微镜,进行二次电子像的观察与拍摄,要求所拍摄的图片清晰、有代表性。

三、实验原理

扫描电子显微镜简称扫描电子显微镜,英文缩写为 SEM(Scanning Electron Microscope)。它是用细聚焦的电子束轰击样品表面,通过电子与样品相互作用产生的二次电子、背散射电子等对样品表面或断口形貌进行观察和分析。现在 SEM 都与能谱(EDS)组合,可以进行成分分析,所以 SEM 也是显微结构分析的主要仪器,已广泛用于材料、冶金、矿物、生物学等领域。

1. 扫描电子显微镜的主要结构

扫描电子显微镜的外貌及结构如图 7.1、图 7.2 所示。

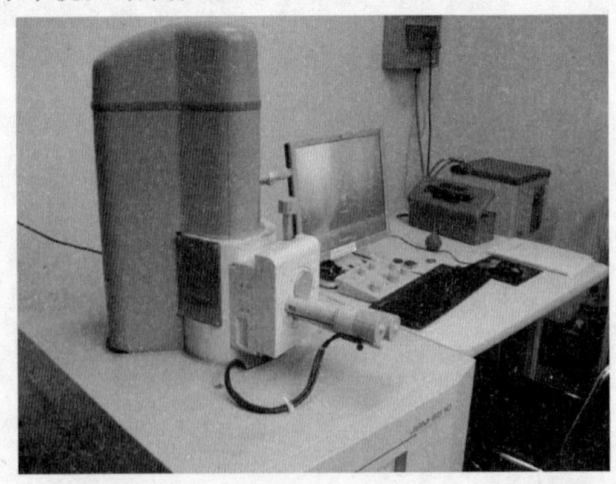

图 7.1 扫描电子显微镜的外貌

(1)电子光学系统:电子枪、聚光镜(第一、第二聚光镜和物镜)、物镜光阑。

(2)扫描系统:扫描信号发生器、扫描放大控制器、扫描偏转线圈。

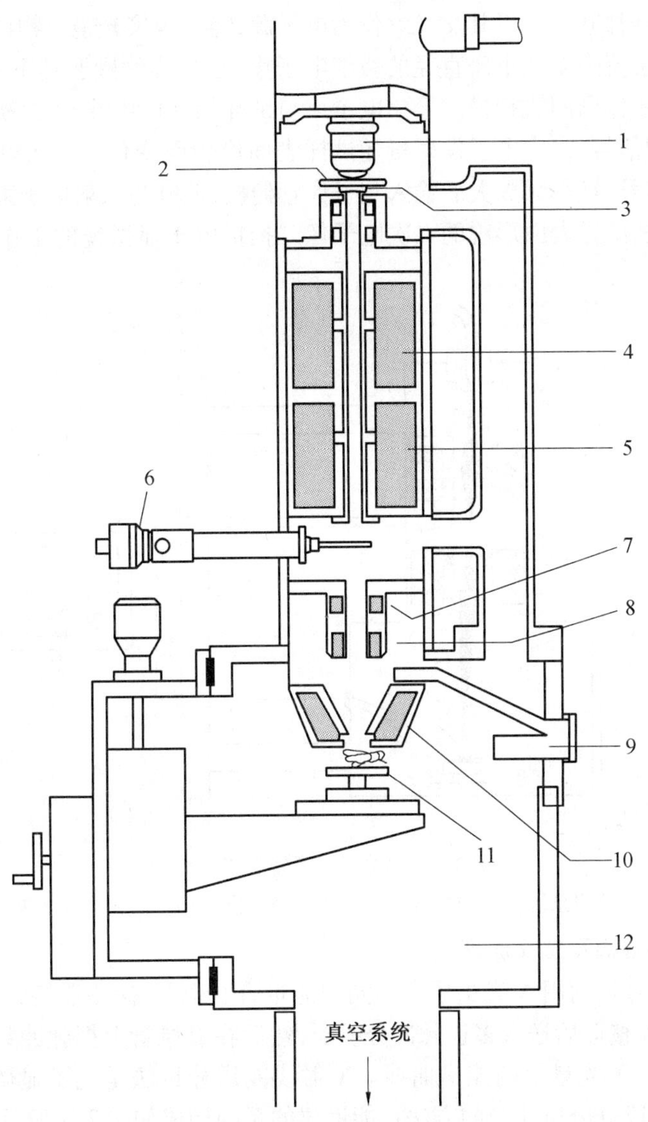

图7.2　扫描电子显微镜的构造

1—电子枪;2—阳极;3—聚光镜光阑;4—聚光镜1;5—聚光镜2;6—光阑调节线圈;7—消相散器;8—偏转线圈;9—二次电子探测器;10—物镜;11—样品台;12—样品室

(3)信号探测放大系统:探测二次电子、背散射电子等电子信号。

(4)图像显示和记录系统:早期SEM采用显像管、照相机等,数字式SEM采用电脑系统进行图像显示和记录管理。

(5)真空系统:真空度高于10^{-4} Torr,常用有机械真空泵、扩散泵、涡轮分子泵等。

(6)电源系统:高压发生装置、高压油箱。

2. 扫描电子显微镜的工作原理

扫描电子显微镜是用聚焦电子束在试样表面逐点扫描成像。试样为块状或粉末颗粒,成像信号可以是二次电子、背散射电子或吸收电子,其中二次电子是最主要的成像信号。由电子枪发射的电子,以其交叉斑作为电子源,经二级聚光镜及物镜的缩小形成具有一定能量、一定束流强度和束斑直径的微细电子束,在扫描线圈驱动下,于试样表面按一定时间、空间顺序作栅网式扫描。聚焦电子束与试样相互作用,产生二次电子发射以及背散射电子等物理信号,二次电子发射量随试样表面形貌而变化。二次电子信号被探测器收集转换成电信号,经视频放大后输入到显像管栅极,调制与入射电子束同步扫描的显像管亮度,得到反映试样表面形貌的二次电子像。扫描电子显微镜的工作原理如图 7.3 所示。

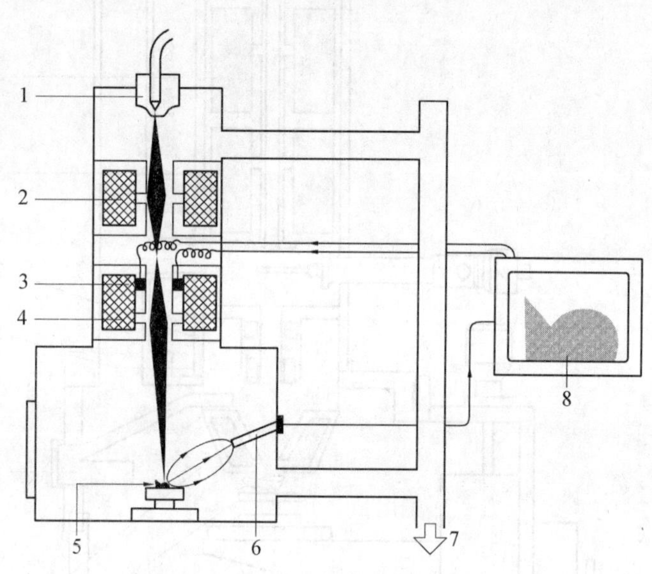

图 7.3　扫描电子显微镜的工作原理图

1—电子枪;2—照明系统;3—扫描线圈;4—镜头;5—样品;6—检测器;7—泵;8—电视屏幕

3. 能谱仪的结构及工作原理

能谱仪(EDS)是利用 X 光量子有不同的能量,由 Si(li)探测器接收后给出电脉冲信号,经放大器放大整形后送入多道脉冲分析器,然后在显像管上把脉冲数-脉冲高度曲线显示出来,这就是 X 光量子的能谱曲线。X 射线能谱分析法是电子显微技术最基本、一直使用的和具有成分分析功能的方法。能谱仪的系统构成如图 7.4 所示。

特征 X 射线的产生是入射电子使内层电子激发而发生的现象,即内壳层电子被轰击后跳到比费米能高的能级上,电子轨道内出现的空位被外壳层轨道的电子填入时,作为多余的能量放出的就是特征 X 射线。高能级的电子落入空位时,要遵从所谓的选择规则(Selection Rule),只允许满足轨道量子数 l 的变化 $\Delta l = \pm 1$ 的特定跃迁。特征 X 射线具有元素固有的能量,所以,将它们展开成能谱后,根据它的能量值就可以确定元素的种类,而且根据谱的强度分析就可以确定其含量。

4. 离子溅射仪的结构及工作原理

一般玻璃、纤维、高分子材料以及陶瓷材料几乎都是非导电性的物质。在利用扫描电子显微镜进行直接观察时,会产生严重的荷电现象,影响对样品的观察,因此需要在样品表面用离子溅射仪镀导电性能好的金属等导电薄膜层。离子溅射仪的外貌及原理如图 7.5 和图 7.6 所示。

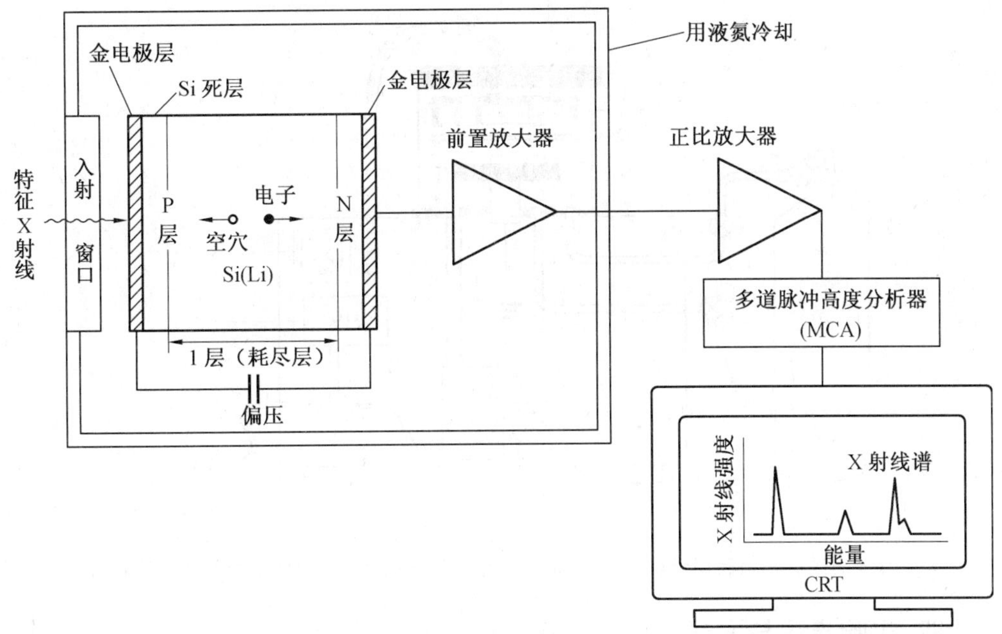

图7.4　EDS系统框图

在样品表面镀金属层不仅可以防止荷电现象，还可以减轻由电子束引起的样品表面损伤；增加二次电子的产率，提高图像的清晰度，并可以掩盖基材信息，只获得表面信息。

离子溅射镀膜的原理是：在低气压系统中，气体分子在相隔一定距离的阳极和阴极之间的强电场作用下电离成正离子和电子，正离子飞向阴极，电子飞向阳极，二电极间形成辉光放电，在辉光放电过程中，具有一定动量的正离子撞击阴极，使阴极表面的原子被逐出，称为溅射，如果阴极表面为用来镀膜的材料（靶材），需要镀膜的样品放在作为阳极的样品台上，则被正离子轰击而溅射出来的靶材原子沉积在试样上，形成一定厚度的镀膜层。离子溅射时常用的气体为惰性气体氩，要求不高时，也可以用空气，气压约为 5×10^{-2} Torr（1 Torr = 133.322 Pa）。

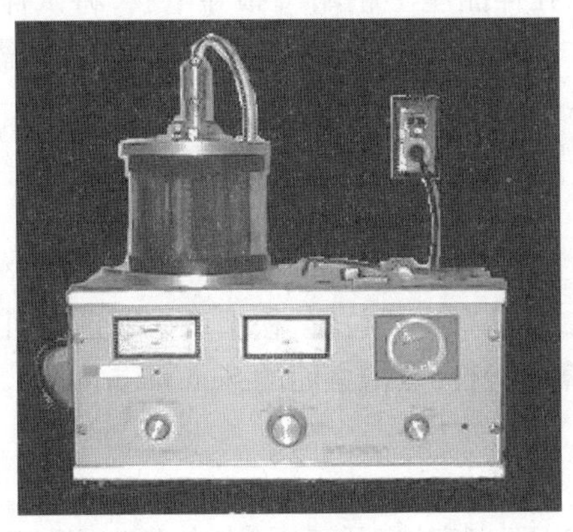

图7.5　离子溅射仪外貌图

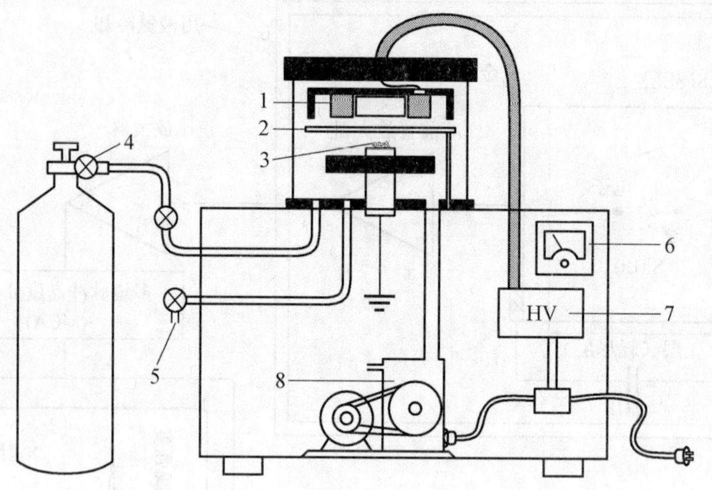

图 7.6　离子溅射仪原理图

1—阴极;2—阳极;3—试样;4—阀;5—气泵;6—压力计;7—高压粉末;8—旋转泵

四、实验步骤与方法

1. 样品的制备

(1)基本要求:试样在真空中能保持稳定,含有水分的试样应先烘干除去水分。表面受到污染的试样,要在不破坏试样表面结构的前提下进行适当清洗,然后烘干。有些试样的表面、断口需要进行适当的浸蚀,才能暴露某些结构细节,则在浸蚀后应将表面或断口清洗干净,然后烘干。

(2)块状试样的制备:普通块状试样经磨制、抛光、腐蚀后,用导电胶把试样粘结在样品座上,即可放在扫描电子显微镜中观察。对于非导电或导电性较差的材料,要先进行镀膜处理。对于新鲜断口一般不需处理,直接放在扫描电子显微镜中观察,以防破坏断口细节。

(3)粉末样品的制备:在样品座上粘贴一张导电胶,将试样粉末撒在上面,再用吸耳球把未粘牢的粉末吹去。非导电试样粉末粘牢在样品座上后,需再镀导电膜,然后才能放在扫描电子显微镜中观察。

2. 仪器的基本操作

(1)开机

①打开主电源开关。

②在主机上插入钥匙,旋至“Start”位置,松手后钥匙自动回到“On”的位置。

③等待 10 s,打开计算机运行,点击桌面的 Sem main menu。

④点击 VENT 破真空。

⑤安装样品。

⑥抽真空 EVAC,等待 HT 点亮,打开高压(点击 HT OFF 变为 HT ON)。

⑦操作图像。

⑧关闭高压,关闭软件、电脑、主机、电源、空气开关、空调、配电盘。

(2)安装样品

①准备样品、样品座。

②将样品安装在样品座上,测量伸出高度(不要超过 5 mm),并设置 Height 值。

③调整 Z 轴(一般为 10 ~ 20 mm),同时观察右侧窗口。

④将样品座安装在样品台上,并使样品表面远低于背散射探头。

⑤样品拍照,Stage-Capture。

⑥将样品台推进真空腔,抽真空 EVAC,聚焦清楚时 WD+Height=Z。

(3)关机

①关闭高压(点击 HT ON 变为 HT OFF)。

②关闭软件、电脑。

③等待 3 ~5 min 关闭控制面板上的电源开关。

④关闭电源、空气开关、空调、配电盘。

五、实验设备及材料

1. 扫描电子显微镜、离子溅射仪(用于样品喷涂导电层)、能谱仪、预磨机、抛光机。

2. 腐蚀液、抛光膏、不锈钢镊子、银导电胶、双面胶(用于制样)。

3. 粉末样品、块状样品。

六、实验数据

1. 一般试样组织观察

退火 60 钢的室温组织为典型的亚共析钢组织,如图 7.7 所示,白色的铁素体基体上分布着板层相间的珠光体组织。T8 钢退火后的显微组织如图 7.8、图 7.9 所示。缓慢冷却后形成的珠光体片层间距较大,粗片状铁素体与碳化物相间分布;而等温退火后获得的托氏体为极细片状铁素体与碳化物相间分布的组织。随着组织中片层间距的减小,钢的强硬度提高,塑韧性也有所改善。

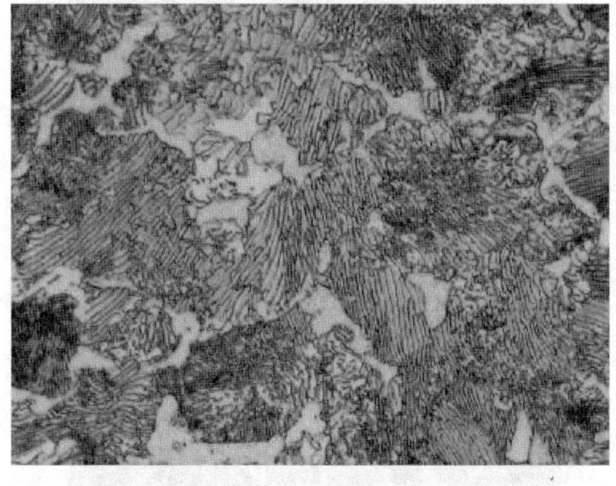

图 7.7　60 钢,退火,珠光体+铁素体(800×)

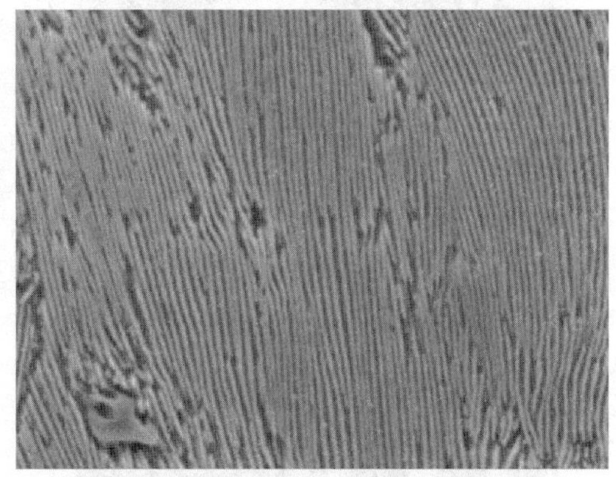

图 7.8　T8 钢,退火,托氏体(10000×)

图 7.10 为玻璃纤维增强陶瓷材料，细长状叶片状为纤维被拔出的痕迹，纤维的存在使得此材料具有非常优良的强度与韧性。

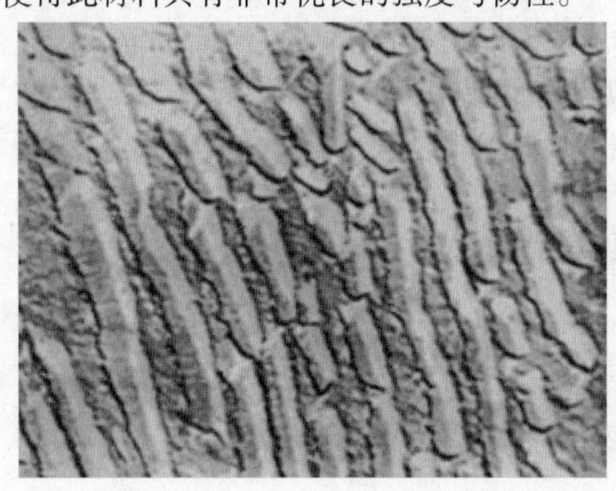

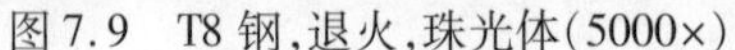

图 7.9　T8 钢，退火，珠光体(5000×)

图 7.10　玻璃纤维增强陶瓷材料(65000×)

2. 断裂分析

从以往发生的许多压力容器断裂事故的情况来看，并不是所有断裂的容器都经过明显的塑性变形，有些容器断裂时根本没有宏观变形。根据断裂时的压力计算，其器壁的应力也远远没有达到材料的强度极限，有的甚至还低于屈服极限，这种断裂现象和脆性材料的断裂很相似，称为脆性断裂。图 7.11 为压力容器用钢(16MnR)沿晶脆性断裂组织图。

金属材料的塑性断裂是显微空洞形成和长大的过程。对于一般常用于制造压力容器的碳钢及低合金钢，这种断裂首先是在塑性变形严重的地方形成显微孔洞(微孔)。夹杂物是显微孔洞成核的位置。在拉力作用下，大量的塑性变形使脆性夹杂物断裂或使夹杂物与基体界面脱开而形成孔洞。孔洞一经形成，即开始长大、聚集，聚集的结果是形成裂纹，最后导致断裂。图 7.12 为压力容器用钢(16MnR)塑性断裂韧窝状组织图，韧窝中为 MnS 夹杂物。

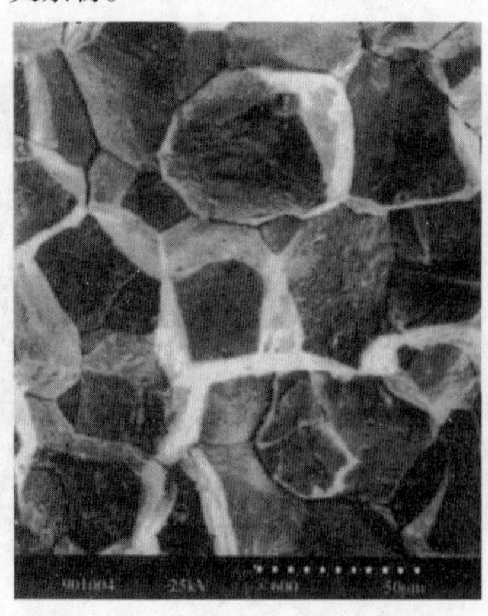

图 7.11　沿晶脆性断裂组织图(600×)

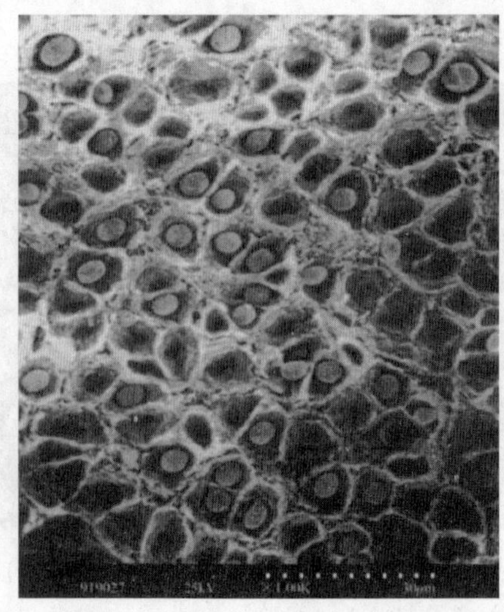

图 7.12　塑性断裂韧窝状组织图(1000×)

断裂实例:翅片和法兰焊在 Q235B 通信钢管上,由于焊接应力产生弯曲,需矫直。矫直时出现钢管在翅片与钢管焊接处发生断裂事故。

肉眼看,断口上呈亮灰色、断面平齐且具有强烈的金属光泽和明显的结晶颗粒,断口周边无明显的剪切唇;扫描电子显微镜观察,其微观形态具有解理或准解理特征的河流花样,具备明显的脆性断裂特征,如图 7.13 所示。经金相检验,原始组织呈带状分布,对管材韧性影响显著,是造成矫直过程中断裂主要原因,如图 7.14 所示。

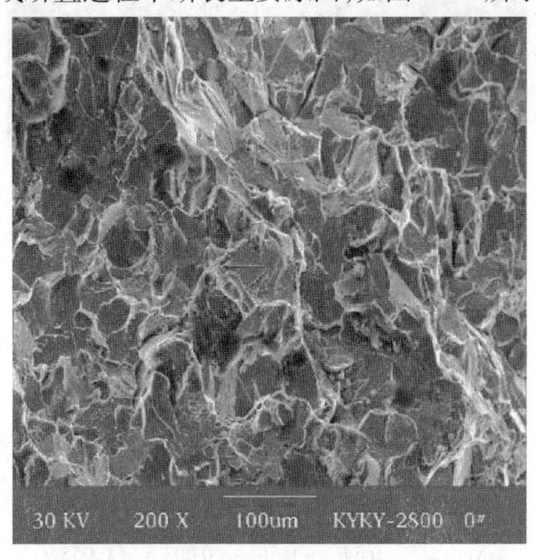

图 7.13　Q235B 管准解理断裂组织

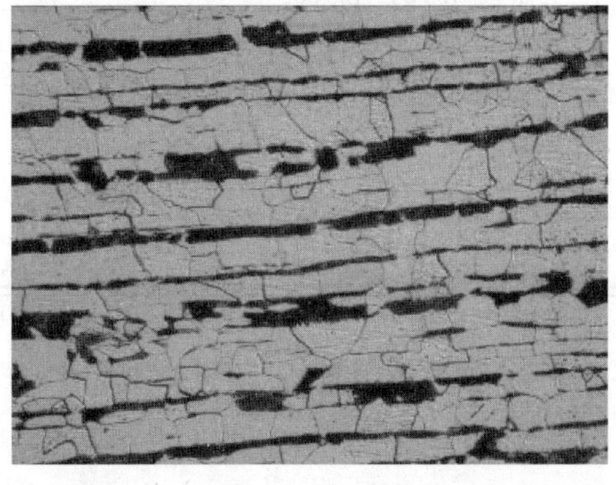

图 7.14　Q235B 管带状组织图(400×)

为彻底消除带状组织影响,选择高温扩散性退火处理。加热温度为 941 ℃,保温时间为 4 h,炉冷到 350 ℃左右出炉空冷。制备试样后,可以看到均为等轴晶粒,带状组织消失,如图 7.15 所示。

3. 结合能谱仪成分分析

电子束(探针)固定在试样感兴趣的点、线或面等区域,进行定性或定量分析,如图 7.16所示。该方法准确度高,用于显微结构的成分分析,对低含量元素定量的试样,只能用点分析。

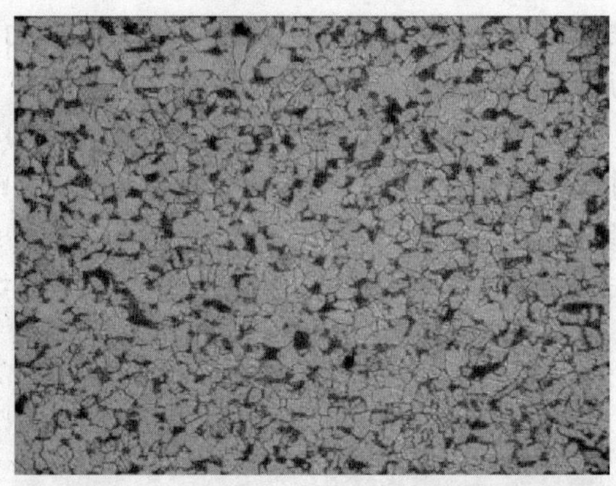

图 7.15　Q235B 管高温扩散退火组织图(400×)

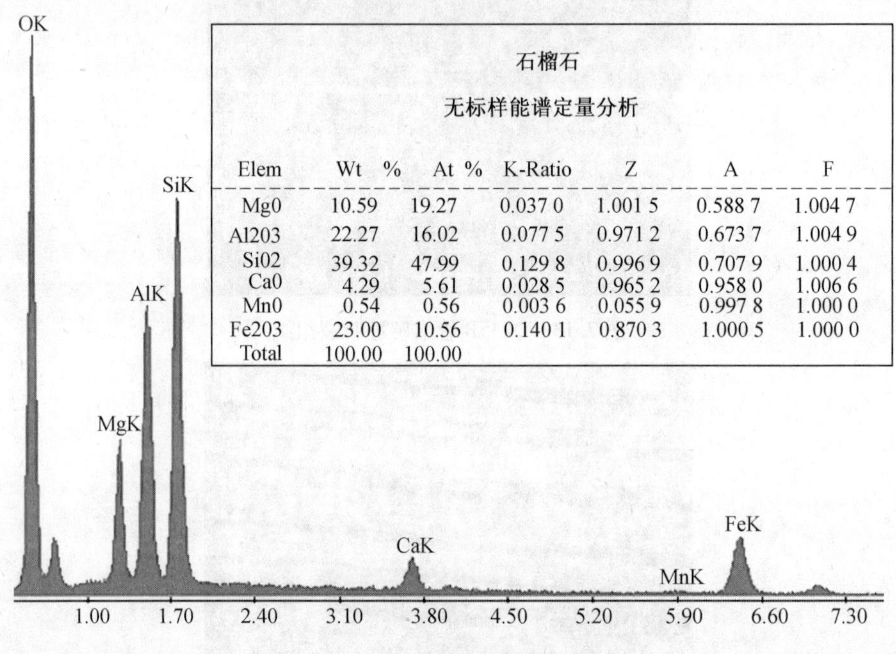

石榴石

无标样能谱定量分析

Elem	Wt %	At %	K-Ratio	Z	A	F
Mg0	10.59	19.27	0.037 0	1.001 5	0.588 7	1.004 7
Al203	22.27	16.02	0.077 5	0.971 2	0.673 7	1.004 9
Si02	39.32	47.99	0.129 8	0.996 9	0.707 9	1.000 4
Ca0	4.29	5.61	0.028 5	0.965 2	0.958 0	1.006 6
Mn0	0.54	0.56	0.003 6	0.055 9	0.997 8	1.000 0
Fe203	23.00	10.56	0.140 1	0.870 3	1.000 5	1.000 0
Total	100.00	100.00				

图 7.16　EDS 的点分析实例

七、实验报告

1. 写出实验目的。
2. 简述实验原理、实验内容、实验步骤。
3. 熟悉扫描电子显微镜、能谱仪、离子溅射仪的基本操作，并记录实验数据。
4. 根据实验结果，总结分析不同成分、不同处理工艺对材料显微组织及性能的影响。

八、思考题

1. 扫描电子显微镜和能谱仪对样品各有什么基本要求？
2. 扫描电子显微镜的成像质量与哪些因素有关？

实验8　透射电子显微镜分析技术

一、实验目的

1. 熟悉透射电子显微镜的结构与工作原理。
2. 熟悉透射电子显微镜试样的制备方法。
3. 了解透射电子显微镜的操作规程。
4. 掌握电子衍射花样标定方法。

二、实验内容

1. 学习透射电子显微镜的工作原理及基本结构。
2. 学习透射电子显微镜试样的制备方法。
3. 对典型组织的图像进行分析。
4. 对电子衍射花样进行标定。

三、实验原理

1. 透射电子显微镜的原理和特点

透射电子显微镜简称透射电镜,英文缩写为TEM。它是以极短波长的电子束为照明源,用电磁透镜聚焦成像,并与特定的机械装置、电子和高真空技术相结合所构成的现代化大型精密电子光学仪器。它由电子光学系统、电源与控制系统和真空系统三部分组成。电子光学系统通常称为镜筒,是透射电子显微镜的核心,它的光路原理与透射光学显微镜十分相似,如图8.1所示。

透射电子显微镜具有原子尺度的分辨能力,可同时提供物理分析和化学分析所需全部功能。特别是选区电子衍射技术的应用,使微区形貌与微区晶体结构分析结合起来,再配以能谱或波谱进行微区成分分析,可得到全面的信息。

透射电子显微镜的特点是分辨率高,已接近或达到仪器的理论极限分辨率(点分辨率为0.2~0.3 nm,晶格分辨率为0.1~0.2 nm);放大倍率高,变换范围大,可从几百倍到数十万倍(最高已达80万倍);图像为二维结构平面图像,可以观察非常薄的样品(样品厚度为50 nm左右);样品的制备以超薄切片为主,操作比较复杂。透射电子显微镜适用于样品内部显微结构及样品外形(状)的观察,也可进行纳米样品粒径大小的测定。

2. 透射电子显微镜的结构及作用

透射电子显微镜通常由电子光学系统、电源系统、真空系统、循环冷却系统和控制系统组成,其中电子光学系统是主要组成部分。为保证机械稳定性,各部分以直立积木式结构搭建,如图8.2所示。

透射电子显微镜部分系统简介如下:

(1)电子光学系统

电子光学系统包括电子枪、聚光镜、样品室、物镜、中间镜、投影镜,此外就是成像的荧

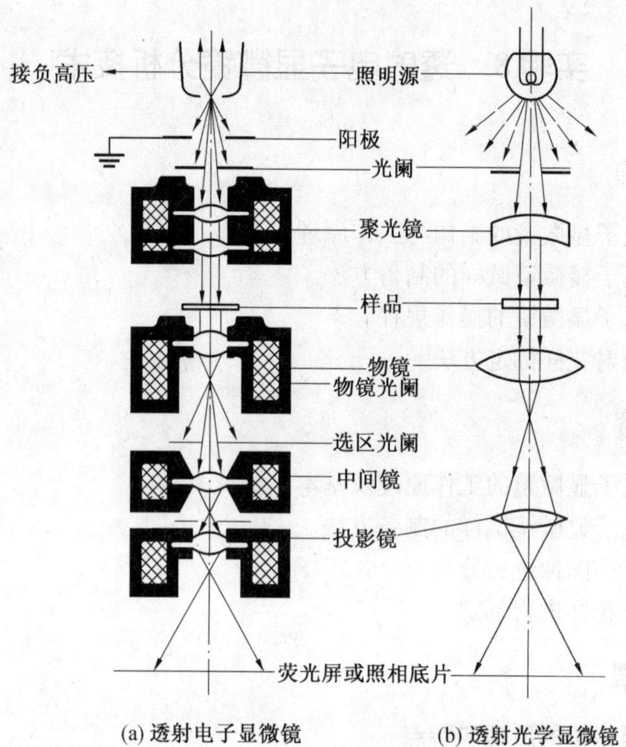

图 8.1　透射光学显微镜与透射电子显微镜光路图

光屏和观察室以及照相装置。电子枪即电子发射源，是由阴极、栅极、阳极 3 个电极组成的静电系统，经 50～120 kV 的电压加速，成为高速电子流投向聚光镜。聚光镜的作用是将电子枪中射出的电子束聚焦，以最小的损耗递送到样品上。样品室的作用是承载样品，样品室还有一个气锁装置，使在更换样品后数秒钟内即可恢复至正常工作的真空状态。物镜是电镜的关键部件，它决定了电镜的分辨能力，对成像的质量起决定性作用。中间镜的结构和物镜类似，作用是将经物镜放大的电子像进行二次放大。位于中间镜之下的投影镜是一个高倍率强透镜。

(2) 真空系统

电镜的镜筒空间部分是电子束的通道，不许有任何游离的气体存在，工作时必须要保持绝对真空。真空系统通常包括机械泵、空气过滤器、油扩散泵及排气管道等部件。

(3) 供电系统

高性能的电镜供电系统包括安全系统、总调压器、真空电源、透镜电源、高压电源及辅助电源系统。

(4) 离子泵

为保证电镜正常工作，要求电子光学系统处于真空状态下，电镜的真空度一般保持在 10^{-5} Torr（1 Torr = 133.322 Pa），这需要机械泵和油扩散泵两级串联才能得到保证。目前的透射电子显微镜增加一个离子泵以提高真空度，真空度可高达 1.33×10^{-6} Pa 或更高。

3. 透射电子显微镜试样制备

(1) 表面复型法：该法是用碳、硅或火棉胶液的薄膜将标本的表面拓印下来，再在透

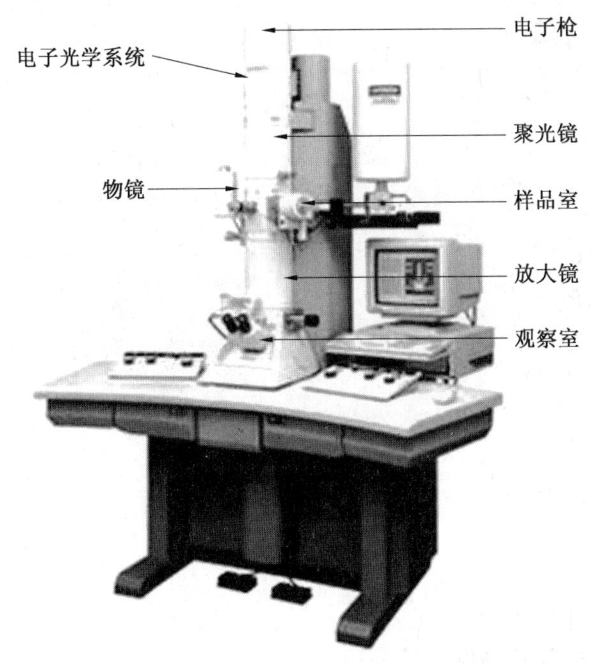

图 8.2　透射电子显微镜结构

射电子显微镜上观察印在薄膜上的精细结构,可采用塑料和碳复型等方式。

(2)金属薄膜法:制备厚度在 500 nm 以下的金属薄片,直接放在透射电子显微镜下进行组织观察或电子衍射,可采用机械、化学、离子减薄、FIB 等方法制备。

4. 电子衍射花样标定

电子衍射花样实际上是晶体的倒易点阵与衍射球面相截部分在荧光屏上的投影,电子衍射图取决于倒易点阵相对于衍射球面的分布情况。根据图 8.3,可以方便地推导和建立衍射花样与晶面间距的关系,进而得到电子衍射的基本公式

$$Rd = L\lambda$$

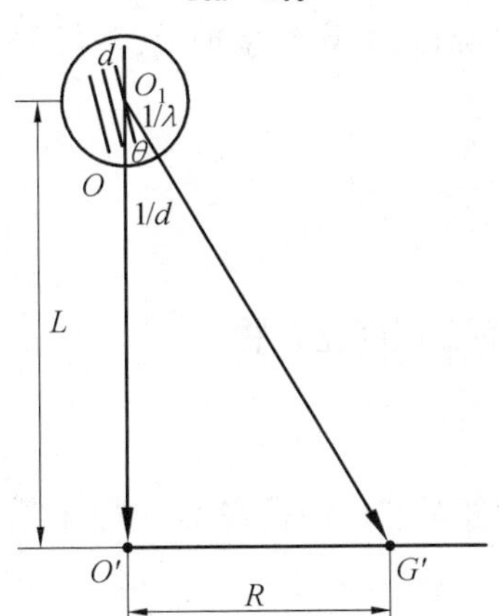

图 8.3　衍射斑点形成示意图

四、实验步骤与方法

1. 开机

2. 检测前准备

(1)合轴调整;
(2)像散校正;
(3)放大倍率校正;
(4)相机常数校正;
(5)磁转角校正;
(6)样品高度调整。

3. 工作条件的选择

(1)加速电压;
(2)样品安装。

4. 观察和测定

(1)质厚衬度像;
(2)选区电子衍射和微衍射;
(3)衍射衬度明场像和暗场像;
(4)弱束暗场像;
(5)高分辨像;
(6)会聚束电子衍射;
(7)晶体点阵类型和点阵常数测定;
(8)微小尺寸和形状的检测;
(9)电子能量损失谱分析;
(10)X 射线能谱分析。

5. 检测后仪器的检查和关机

取出样品,退出物镜光阑和选区光阑,调到低放大倍率,聚光镜散焦;依次关灯丝电流、高压、主机和其他附件的电源;盖上观察室护板,等待 15 min 后,关冷却水系统和稳压电源。

五、实验设备及材料

1. 设备:透射电子显微镜。
2. 材料:铝合金或钎焊界面金属间化合物。

六、实验数据

利用 Digital Micrograph 软件对照片进行观察、对比和分析,对得到的衍射花样数据进行处理和标定。

七、实验报告

实验报告包括实验原理、实验过程、实验数据以及对数据的处理与分析结果等内容。

八、思考题

1. 制备高质量透射电子显微镜样品的技巧有哪些?
2. 在透射电镜衍射花样的标定中,标定结果是否一定是“唯一”的?

实验9　电子探针X射线显微分析

一、实验目的

1. 了解电子探针结构特点和工作原理。

2. 通过实际操作演示，以了解电子探针分析方法及其应用。

二、实验内容

选用合适的样品，采用电子探针X射线衍射对样品进行显微分析。根据电子探针工作方式的不同，进行以下内容的显微分析：

(1)点分析

点分析是选定点的全谱定性分析或定量分析，以及对其中所含元素进行定量分析。

(2)线分析

线分析是对某一条线成分变化状况进行分析（具体是针对相界、晶界等）。

(3)面分析

面分析是电子束进行光栅扫描，探测某一元素或几个元素在一个面上的分布。

三、实验原理

材料的成分决定了材料的性能，是控制材料性能的关键因素。电子探针X射线显微分析是一种显微分析方法和成分分析相结合的微区分析，特别适合分析试样中微小区域的化学成分，因而是研究材料组织结构和元素分布状态的极为有用的分析方法。

X射线显微分析的基本原理是：当一束聚焦的电子束照射到试样表面一个待测的微小区域时，试样在高能电子束的作用下，激发出各种元素的不同波长特征的X射线。利用X射线能谱仪探测这些X射线，得到X射线谱。根据X射线谱波长、能量进行元素的定性分析（依据莫塞来定律）；根据代表各元素的特征X射线强度来进行定量分析。

四、实验步骤与方法

1. 试样制备

(1)试样尺寸一般为直径 $\phi<30$ mm，高度 $H\leqslant 5\sim 10$ mm。

(2)表面经抛光、清洁无异物，抛光材料中不能含所要分析的元素。

(3)表面具有良好导电性，非导体、半导体试样要进行镀膜处理，镀膜材料中不应含有要分析的元素。

(4)实验前用光学显微镜预先观察，选定要分析的区域，并作出标记。

(5)如果要分析的位置在侧表面，由于边缘效应，会使边缘激发信号增强，影响分析结果，必须把试样镶嵌在导电材料中才能分析。

2. 实验参数选择

(1)调整试样位置

用仪器的光学显微镜找需要分析的位置,并进行聚焦,由于光学显微镜的聚焦正好落在分光谱仪聚焦圆周上,从而符合分析条件的要求。

(2)加速电压的选择

加速电压一定要超过分析元素特征X射线的激发电压,但不宜过高,否则背底太强。一般选用加速电压应为分析元素激发电压的3~4倍。分析的区域很小或很薄时应采用较低电压。

(3)束流的选择

特征X射线的强度与束流大小有密切关系,在分析过程中要保证束流稳定,一般分析时束流为10^{-9}~10^{-7},易污染、烧损的试样最好用较小的束流。

(4)分光晶体的选择

实验时应根据样品中待分析元素及X射线线系等具体情况,选用合适的分光晶体。常用的分光晶体及其检测波长的范围见有关表。这些分光晶体配合使用,检测X射线信号的波长范围为0.1~11.4 nm。波长分散谱仪的波长分辨率很高,可以将波长十分接近(相差约0.0005 nm)的谱线清晰地分开。

3. 波谱定性分析

(1)定点分析

① 全谱分析

对于未知成分的试样,全谱分析可以分析试样中含有哪些元素。调好试样后,打开驱动分光晶体的同步电机,使分光晶体面间距L由低到高即衍射角θ由小到大扫描,按各峰值的L值,求出对应的X射线波长λ值,查表可得样品中所含的一切元素。

② 半定量分析

定点分析可以进行定量、半定量分析。对于精度要求不高的半定量分析来说,如果忽略吸收效应、原子序数效应、荧光效应对特征X射线强度影响因素,那么某元素的特征X射线强度与该元素在试样中含量成正比,因此可以得到半定量结果。在束流、加速电压不变的情况下,分别测量成分已知的标样与未知成分试样,测得该元素的特征X射线强度,在标样中为I_0,在试样中为I_S,I_0与I_S由定标器上读出或由记录纸上该峰的积分面积计算而得。如果标样中含量为K_0,则试样中该元素含量K_S为

$$K_S = \frac{I_S}{I_0}K_0$$

这种方法只是近似反映测量元素的含量,有时误差较大。

(2)线扫描

使电子束在试样表面沿预先设定的直线扫描,使谱仪固定接收某一元素的特征X射线,得到被测元素在所分析的直线上的分布情况。一般使电子束做定点扫描,即静止不动。在试样移动轴上安装同步电机,使试样以十分慢的速度移动($v=2\ \mu m/s$),并由记录仪记录下不同位置的特征X射线强度。

(3)面扫描

使电子束在试样表面做光栅扫描,使谱仪固定接收某一元素的特征 X 射线,并以此调制荧光屏亮度,得到整个扫描微区面上被测元素的分布状态。若在扫描微区面上某点被测元素含量较高,发射特征 X 射线信号就强,于是在荧光屏上就得到较亮的图像;反之,在荧光屏上得到较暗的图像,从而可以定性地显示一个微区面上某元素的偏析情况。

五、实验设备及材料

1. 实验设备:电子探针仪。

2. 实验材料:金属材料或其他块状功能材料。

六、实验数据

1. 点分析结果

图 9.1(a)是氧化物燃料电池阴极板的组织形貌,尺寸大小不一的白色颗粒分布在深颜色的基体上;图 9.1(b)给出了白色颗粒元素组成的点分析结果,白色颗粒物由 O,Cr,Mn 和 Ni 四种元素组成,同时点分析结果还给出了各组成元素的相对含量。

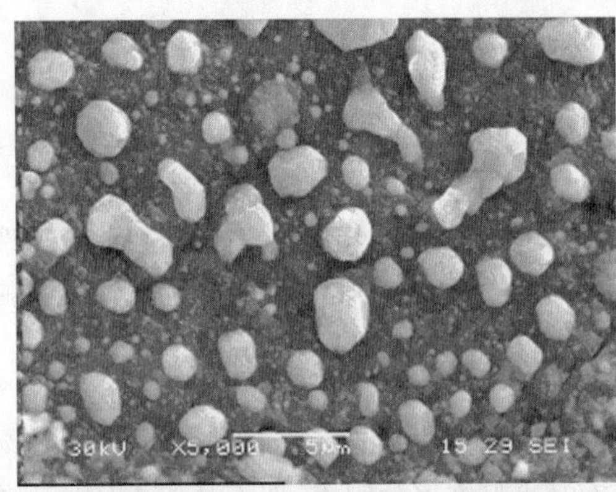

(a) 固体氧化物型燃料电池阳极板的形貌像

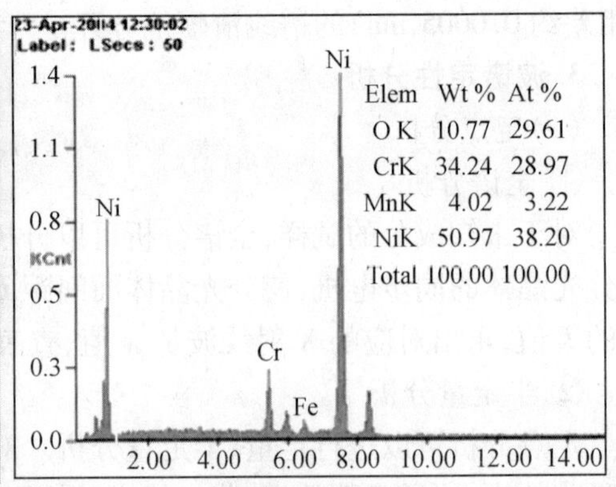

(b) 白色颗粒的成分分析结果

图 9.1 固体氧化物型燃料电池阳极板上白色颗粒的点分析

2. 线分析结果

图 9.2(a)是 BaF_2 的组织形貌,沿图 9.2(a)中所示的白色横线做线扫描分析得到图 9.2(b)所示的结果。线扫描结果给出了白色横线上元素 Ba 和 O 的分布情况,可以看到在晶界处 O 含量较多,说明晶界处 O 发生了偏聚。

3. 面分析结果

图 9.3(a)是 ZiO-Bi_2O_3 陶瓷的组织形貌像,对该区域 Bi 元素的分布做面分析得到结果如图 9.3(b)。暗颜色区域表示 Bi 元素含量较少,亮颜色区域 Bi 元素分布较多。面扫描结果显示 Bi 元素在晶界处偏聚。

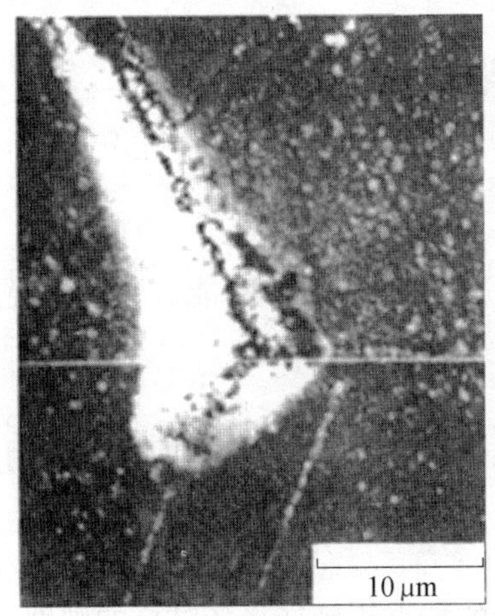

(a) BaF_2 形貌像

(b) BaF_2 晶界的线扫描分析

图9.2　BaF_2晶界的线扫描分析

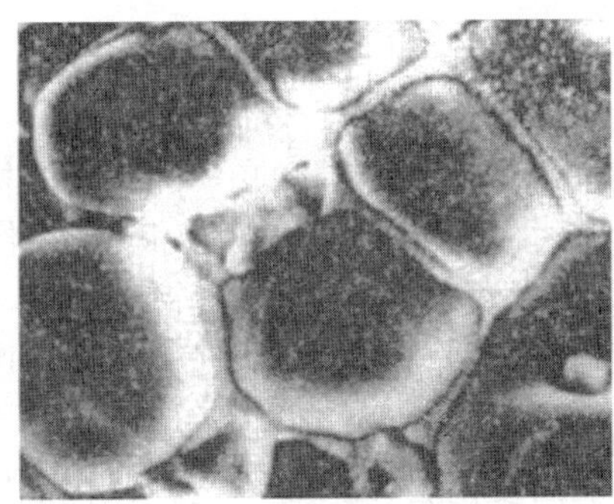

(a) ZiO－Bi_2O_3 陶瓷形貌像

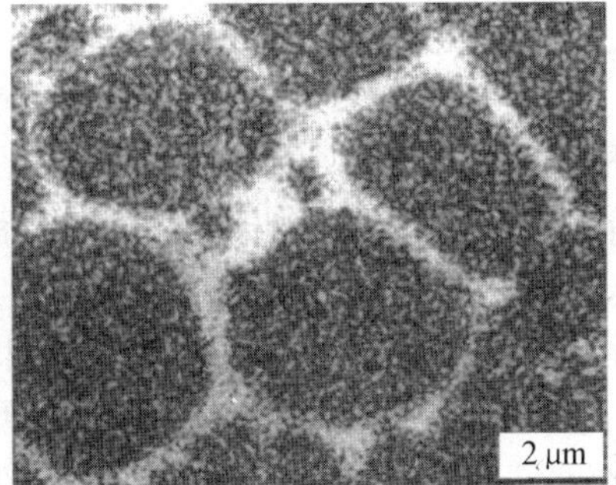

(b) Bi 元素的X射线面扫描分析结果

图9.3　ZiO－Bi_2O_3陶瓷烧结表面的面扫描分析

七、实验报告

1. 根据全谱分析曲线中出现的各峰值的位置、大小对样品进行微区成分的定性及半定量分析。

2. 了解能谱仪的工作原理，绘出能谱仪中X光子信号的接收、转换及显示过程的示意图。

3. 通过实验体会使用波谱仪与能谱仪各自的优缺点。

八、思考题

1. 要分析钢中碳化物成分和基体中碳含量，应选用哪种电子探针仪，为什么？

2. 要在观察断口形貌的同时，分析断口上粒状夹杂物的化学成分，选用什么仪器？用怎样的操作方式进行具体分析？

3. 电子探针仪与扫描电子显微镜有何异同？电子探针仪如何与扫描电子显微镜和透射电子显微镜配合进行组织结构与微区化学成分的同位分析？

实验 10 材料硬度的测定

一、实验目的

1. 掌握三种硬度(布氏、洛氏、维氏)测试原理及测试方法,能够迅速正确地测定各种材料的硬度值。

2. 培养正确选择硬度试验方法的能力。

3. 了解各种硬度计的主要结构、特点及工作原理,掌握硬度计的操作使用方法。

二、实验内容

1. 对于所给定的材料,参考三种硬度试验的特点正确选择各试样的硬度测试方法。

2. 根据各种材料所选定的硬度试验方法,分别测试每块试样的硬度值。

3. 分析讨论试验结果。

三、实验原理

硬度是指材料抵抗另一较硬的物体压入表面抵抗塑性变形的一种能力,是材料重要的力学性能指标之一。与其他力学性能指标测试相比,硬度试验设备简单,操作方便易行,又无损于工件,因此在工业生产中被广泛应用。常用的硬度试验方法有:

布氏硬度试验——主要用于退火状态钢材、铸铁、有色金属材料的检验,也可用于正火、调质钢等材料的硬度测定。

洛氏硬度试验——主要用于淬火钢、零件表面硬化层、硬质合金等产品性能检验。

维氏硬度试验——用于薄板材或金属表层的硬度测定,以及较精确的硬度测定。

显微硬度试验——主要用于测定金属材料的显微组织组分或相组分的硬度。

1. 布氏硬度试验

GB/T231.1—2009 布氏硬度试验标准规定,硬度测试只允许使用硬质合金球压头,布氏硬度符号为 HBW,布氏硬度试验范围上限为 650HBW。

用试验力 F 把直径为 D 的硬质合金球压头压入试样表面,并保持一定时间后卸除试验力,测量压头在试样表面上所压出的压痕直径 d,从而计算出压痕表面积 A,然后再计算出单位面积所受的力(F/A 值),计算公式如下:

压痕平均直径

$$d = \frac{d_1 + d_2}{2}$$

设压痕深度为 h,则压痕的表面积为

$$A = \pi Dh = \frac{\pi D}{2}\left(D - \sqrt{D^2 - d^2}\right)$$

布氏硬度值

$$\text{HBW} = 常数 \times \frac{试验力}{压痕表面积} = 0.102\frac{2F}{\pi D\left(D - \sqrt{D^2 - d^2}\right)}$$

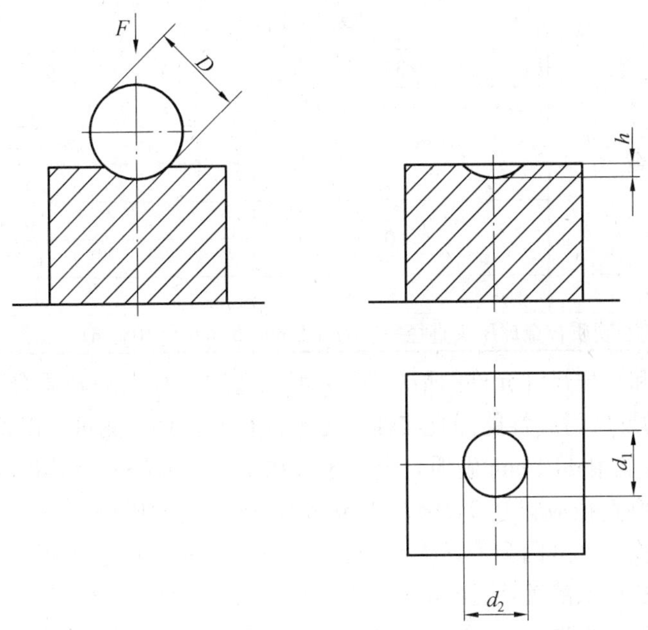

图 10.1　布氏硬度试验原理

式中　F——施加的试验力，N；

D——硬质合金球压头直径，mm；

A——压痕表面积，mm^2；

d——压痕平均直径，mm。

用此数字表示试件的硬度值，即为布氏硬度，用符号 HBW 表示。布氏硬度试验原理如图 10.1 所示。

由于金属材料有硬有软，工件有厚有薄，有大有小，为适应不同的情况，布氏硬度的硬质合金球压头直径有 ϕ1 mm，ϕ2.5 mm，ϕ5 mm，ϕ10 mm 四种。工作载荷有 9.087 N，…，9 807 N，14 700 N，29 400 N 等不同试验力，试验力的保持时间一般为 10～15 s。当采用不同大小的试验力和不同直径的硬质合金球压头进行布氏硬度试验时，只要能满足 F/D^2 为常数，则同一种材料测得的布氏硬度值是相同的，而不同材料所测得的布氏硬度值也可进行比较。试验力-压头球直径平方的比率（$0.102F/D^2$ 的比值）应根据材料和硬度值，按照表 10.1 中的规范选择。

表 10.1　不同材料的试验力-压头球直径平方的比率

材料	布氏硬度 HBW	试验力-压头球直径平方的比率 $0.102\times F/D^2/(N/mm^2)$
钢、镍基合金、钛合金		30
铸铁(1)	<140	10
	≥140	30
铜及铜合金	<35	5
	35～130	10
	>130	30

续表 10.1

轻金属及合金	<35	2.5
	35 ~ 80	5
		10
		15
	>80	10
		15
铅、锡		1

(1) 对于铸铁的试验，硬质合金球压头直径一般为 2.5 mm、5 mm 和 10 mm。

在试样厚度和试样尺寸允许的情况下，尽可能选用直径大的硬质合金球压头和大的试验力，这样更易反映材料性能的真实性。另外，由于压痕大，测量的误差也小，所以测定钢的硬度时，尽可能用 ϕ10 mm 硬质合金球压头和 29 400 N(3 000 kgf) 的试验力。

试验后的压痕直径应在 $0.24D<d<0.6D$ 的范围内，否则试验结果无效，应另行选择试验规范再做试验。这是因为若 d 太小，灵敏度和准确性将随之降低；若 d 太大，压痕的几何形状不能保持相似的关系，影响试验结果的准确性。

试样表面应平坦光滑，并且不应有氧化皮及外界污物，特别不应有油脂。试样表面应能保证压痕直径的精确测量，要求表面粗糙度参数 Ra 不大于 1.6 μm。

试样厚度至少应为压痕深度的 8 倍，试样最小厚度与压痕平均直径的关系见表10.2。试验后如果试样背后出现可见变形，则表明试样太薄。

表 10.2　压痕平均直径与试样最小厚度的关系　　mm

压痕平均直径 d			0.2	0.3	0.4	0.5	0.6	0.7	0.8	0.9	1.0	1.1	1.2	1.3	1.4
试样的最小厚度	球压头直径 D	1	0.08	0.18	0.33	0.54	0.80	–	–	–	–	–	–	–	–
		2.5	–	–	–	–	0.29	0.40	0.53	0.67	0.83	1.02	1.23	1.46	1.72
		5	–	–	–	–	–	–	–	–	–	–	0.58	0.69	0.80
		10	–	–	–	–	–	–	–	–	–	–	–	–	–
压痕平均直径 d			1.5	1.6	1.7	1.8	1.9	2.0	2.2	2.4	2.6	2.8	3.0	3.2	3.4
试样的最小厚度	球压头直径 D	1	–	–	–	–	–	–	–	–	–	–	–	–	–
		2.5	2.00	–	–	–	–	–	–	–	–	–	–	–	–
		5	0.92	1.05	1.19	1.34	1.50	1.67	2.04	2.46	2.92	3.43	4.00	–	–
		10	–	–	–	–	–	–	–	1.17	1.38	1.60	1.84	2.10	2.38
压痕平均直径 d			3.6	3.8	4.0	4.2	4.4	4.6	4.8	5.0	5.2	5.4	5.6	5.8	6.0
试样的最小厚度	球压头直径 D	1	–	–	–	–	–	–	–	–	–	–	–	–	–
		2.5	–	–	–	–	–	–	–	–	–	–	–	–	–
		5	–	–	–	–	–	–	–	–	–	–	–	–	–
		10	2.68	3.00	3.34	3.70	4.08	4.48	4.91	5.36	5.83	6.33	6.86	7.42	8.00

试验时,为防止压痕周围因塑性变形而产生形变硬化而影响试验结果,任一压痕中心距试样边缘的距离应不小于压痕平均直径的 2.5 倍,两相邻压痕中心间距至少为压痕平均直径的 3 倍。

试样表面的压痕直径用读数显微镜来测量,应在相互垂直的两个方向各测量一次压痕直径,用两个读数的算术平均值计算材料的布氏硬度,或查附表即得试样的布氏硬度值。

布氏硬度的表示方法:布氏硬度值应标注在布氏硬度符号 HBW 前面,硬质合金球压头直径、试验力、试验力保持时间顺序标注在布氏硬度符号后面,且数据中间用斜线隔开。

若采用 ϕ10 mm 直径的硬质合金球压头,施加 29 400 N(3 000 kgf)试验力,试验力保持时间 10 ~ 15 s 进行布氏硬度测试时,硬质合金球压头直径、试验力、试验力保持时间可省略标注。如测得布氏硬度值为 400 时,可表示为 400HBW。

在其他试验条件下的布氏硬度,应在符号 HBW 后面注明硬质合金球压头直径、试验力大小及试验力保持的时间。例如,350HBW5/750/20,表示用 5 mm 直径的硬质合金球压头,在 7 355 N 试验力下保持 20 s,测定的布氏硬度值为 350。

2. 洛氏硬度试验

用金刚石圆锥压头或一定直径的硬质合金球压头,在初试验力 F_0 和主试验力 F_1 先后作用下,压入试样表面,保持一定时间,卸除主试验力,测量在初试验力下的残余压痕深度 h,如图 10.2 所示。

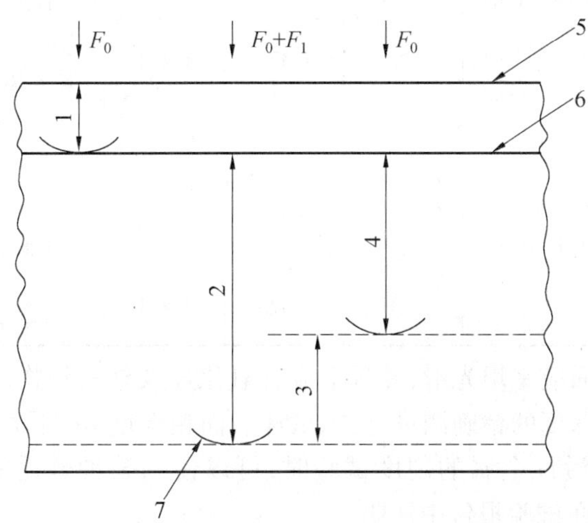

图 10.2　洛氏硬度试验原理图

1—在初试验力 F_0 下的压入深度;2—由主试验力 F_1 引起的压入深度;3—卸除主试验力 F_1 后的弹性恢复深度;4—残余压入深度 h;5—试样表面;6—测量基准面;7—压头位置

根据 h 值及常数 N 和 S,用以下公式计算洛氏硬度

$$洛氏硬度 = N - \frac{h}{S}$$

式中　h——残余压痕深度,mm;

S——给定标尺的单位,mm;

N——给定标尺的硬度数。

常用洛氏硬度标尺的计算公式为

$$\text{HRA,HRC} = 100 - \frac{h}{0.002}$$

$$\text{HRB} = 130 - \frac{h}{0.002}$$

各种洛氏硬度值的符号、实验条件与应用见表 10.3。

表 10.3　各种洛氏硬度值的符号、实验条件与应用

洛氏硬度标尺	硬度符号	压头类型	初试验力 F_0/N	主试验力 F_1/N	总试验力 F/N	应用范围
A	HRA	金刚石压头圆锥角 120°顶端球面半径 0.2 mm	98.07	490.3	588.4	20HRA ~ 88HRA（硬质合金、渗碳钢）
D	HRD			882.6	980.7	40HRD ~ 77HRD（薄钢、表面淬火层）
C	HRC			1 373	1 471	20HRC ~ 70HRC（淬火钢、调质钢、硬铸铁）
F	HRF	球压头 ϕ1.587 5 mm		490.3	588.4	60HRF ~ 100HRF（退火铜合金、薄软钢）
B	HRB			882.6	980.7	20HRB ~ 100HRB（软钢、铝合金、铜合金、可锻铸铁）
G	HRG			1 373	1 471	30HRG ~ 94HRG（珠光体铁、铜、镍、锌、镍合金）
H	HRH	球压头 ϕ3.175 mm		490.3	588.4	80HRH ~ 100HRH（铝、锌、铅）
E	HRE			882.6	980.7	70HRE ~ 100HRE（轴承合金、锡、硬塑料）
K	HRK			1 373	1 471	40HRK ~ 100HRK（轴承合金、锡、硬塑料）

洛氏硬度试样表面应平坦光滑，并且不应有氧化皮及外来污物，特别不应有油脂，试样表面应能保证压痕深度的精确测量，要求试样表面粗糙度 Ra 不大于 1.6 μm。在进行可能会与压头粘结的活性金属的硬度试验时，可以使用某种合适的油性介质（例如煤油），但使用的介质应在试验报告中注明。

试样厚度应符合标准要求的规定，对于用金刚石圆锥压头进行的试验，试样或试验层厚度应不小于残余压痕深度的 10 倍；对于用球压头进行的试验，试样或试验层厚度应不小于残余压痕深度的 15 倍。

硬度测试时应使压头与试样表面接触，无冲击和震动地施加初试验力 F_0，初试验力保持时间不应超过 3 s。从初试验力 F_0施加至总试验力 F 的时间应不小于 1 s 且不大于 8 s。总试验力保持时间为 4±2 s，卸除主试验力 F_1，保持初试验力 F_0，经短暂时间稳定后，进行读数。当产品标准另有规定，施加全部试验力的时间可以超过 6 s，但实际施加试验力的时间应在试验结果中注明。

两相邻压痕中心之间的距离至少应为压痕直径的 4 倍,并且不应小于 2 mm。任一压痕中心距试样边缘的距离至少应为压痕直径的 2.5 倍,并且不小于 1 mm。

3. 维氏硬度及显微硬度试验

(1)维氏硬度试验

维氏硬度试验是用一个相对面夹角为 136°的金刚石正四棱锥体压头,在一定试验力 F(N)作用下压入试样表面,如图 10.3 所示,保持规定时间后卸除试验力,测量试样表面压痕对角线长度 d(mm),借以计算压痕表面积 A(mm^2),求出压痕表面所受的平均压应力 F/A(N/mm^2)作为维氏硬度值,以符号 HV 表示(一般不标注单位),计算公式为

$$HV = 常数 \times \frac{试验力}{压痕表面积} = 0.102\frac{2F\sin\frac{136°}{2}}{d^2} \approx 0.1891\frac{F}{d^2}$$

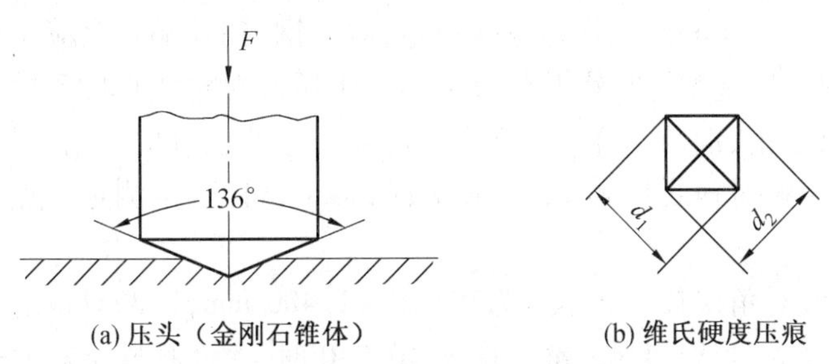

(a) 压头(金刚石锥体)　(b) 维氏硬度压痕

图 10.3　维氏硬度试验原理

试验标准 GB/T4340—2009 对维氏硬度试验,按三个试验力范围规定了测定维氏硬度的方法,分为维氏硬度试验、小力值维氏硬度试验和显微维氏硬度试验。试验时应选用表 10.4 中的试验力进行试验。

表 10.4　维氏硬度试验力

维氏硬度试验		小力值维氏硬度试验		显微维氏硬度试验	
硬度符号	试验力标称值/N	硬度符号	试验力标称值/N	硬度符号	试验力标称值/N
HV5	49.03	HV0.2	1.961	HV0.01	0.098 07
HV10	98.07	HV0.3	2.942	HV0.015	0.147 1
HV20	196.1	HV0.5	4.903	HV0.02	0.196 1
HV30	294.2	HV1	9.807	HV0.025	0.245 2
HV50	490.3	HV2	19.61	HV0.05	0.490 3
HV100	980.7	HV3	29.42	HV0.1	0.980 7

注:维氏硬度试验可使用大于 9 807 N 的试验力。

显微维氏硬度试验的试验力为推荐值。

维氏硬度试验力 F 在 1.961 ~1 176.8 N(0.2 ~120 kgf)范围内根据试样硬度及厚薄进行选择。但常用的试验力为 4.903 N,19.61 N,98.07 N,294.2 N(0.5 kgf,2 kgf,10 kgf,30 kgf)。合理的试验力大小与试样厚度之间的关系见表 10.5,在一般情况下建议选用 294.2 N(30 kgf)的试验力。试验力保持时间对黑色金属为 10 ~15 s,对有色金属为 30±2 s。

表 10.5　维氏硬度试验中试验力的选择

试样厚度/mm	合理的试验力大小/N			
	维氏硬度			
	20 ~ 50	50 ~ 100	100 ~ 300	300 ~ 900
0.3 ~ 0.5	–	–	–	49.03 ~ 98.07
0.5 ~ 1.0	–	–	49.03 ~ 98.07	98.07 ~ 196.1
1 ~ 2	49.03 ~ 98.07	98.07 ~ 245.2	–	–
2 ~ 4	98.07 ~ 196.1	245.2 ~ 294.2	–	–
>4	≥196.1	≥294.2	≥490.3	–

测定维氏硬度的试样其表面应精心制备，表面粗糙度 Ra 上限值不低于 0.4 μm。在制备过程中应防止因过热或加工硬化而改变金属的硬度值。

试验时，任一压痕中心到试样边缘的距离，对于钢、铜及铜合金应不小于压痕对角线长度的 2.5 倍，对于轻金属、铅、锡及其合金不小于压痕对角线长度 3 倍。两相邻压痕中心之间的距离，对于钢、铜及铜合金应不小于压痕对角线长度的 3 倍，对于轻金属、铅、锡及其合金不小于压痕对角线长度 6 倍。试验时，每个试样至少测定三点硬度取其算术平均值。

维氏硬度压痕对角线长度 d 一般为 0.020 ~ 1.400 mm，以两对角线长度的平均值计算。其测量的精度为：当压痕对角线长度 $d \leqslant 0.040$ 时，允许测量误差为±0.000 4 mm；当压痕对角线长度 $0.040 < d \leqslant 0.200$ mm 时，允许测量误差为±1.0% d；当压痕对角线长度 $d > 0.200$ mm时，允许的测量误差为±0.002 mm。如果压痕形状不规则，必须重作试验。测出压痕平均对角线长度后，代入上式计算或查表求出 HV 值。

维氏硬度用 HV 表示，符号之前为硬度值，符号后面顺序标注试验力和试验力保持时间，例如 640HV30/20，即表示在 294.2 N(30 kgf) 试验力下，在试验力保持时间 20 s 内所测得的维氏硬度值为 640。

维氏硬度广泛用来测定金属薄镀层或化学热处理后表面层的硬度，以及较小工件的硬度试验。

(2) 显微硬度试验

显微硬度试验原理与维氏硬度完全相同，只不过所加试验力更低一些，一般小于 1.961 N，所得压痕对角线之长也只有几微米到几千微米。

显微硬度试验可用于：

①测定表面粗糙度 Ra 值在 0.2 μm 以下的细小或片状零件的硬度、零件表面薄层的硬度及脆性材料的硬度。

②测定金相组织中某个相或组织的硬度。

测显微硬度的试样应按金相磨片一样精心制备，加工试样时可根据材料特性采用抛光或电解抛光工艺。在磨制和抛光时应注意，不能产生较厚的金属扰乱层和硬化层，以免影响试验效果。

显微硬度计是一种由精密机械、光学系统和电器部分组合而成的仪器，如国产 71 型显微硬度计，由工作台及其升降、纵横移动系统、加载装置及控制保持试验力时间系统，以及显微镜系统(包括物镜、测微目镜及照明光路)等部分组成。使用时,将试样平稳地固定在工作台上,先将其升至一定高度,在光学系统中进行调焦,使图像清晰。再将工作台纵向与横向移动,在视场里找到需要测硬度的部位。然后,轻轻地向右推移工作台,使试样从显微镜视场中移动到金刚石压头下面加载(施加载荷可根据表10.4中试验力选用),经过10~15 s保载时间后卸除试验力。再将工作台向左推移至原来位置,在显微镜中测定压痕对角线长度。

测定时,先调节工作台纵向和横向微分筒和目镜的测微器,使压痕的棱边和目镜中交叉十字线精确地重合,如图10.4(a),然后转动目镜测微器使十字线对准压痕的另一个棱边,如图10.4(b)。从测微器上读出两次读数之差,即求得压痕对角线长度 d。为了减少误差,可重复测量几次后,取其平均值。接着将测微目镜旋转90°,用上述同样方法测得压痕另一对角线长度,取两条对角线长度的平均值,除以物镜放大倍率(40×)后,根据试验力查显微硬度表即得HV值。

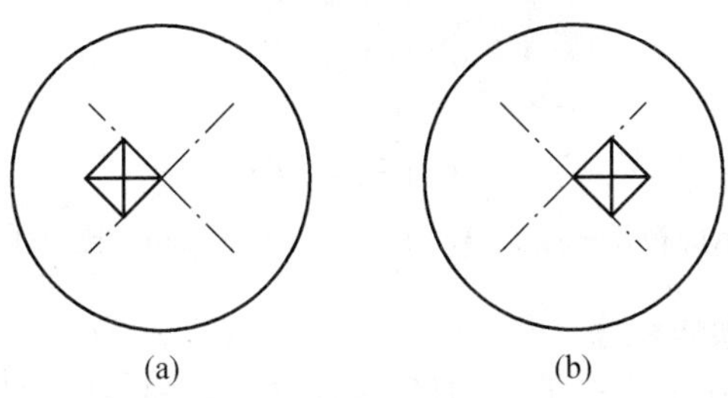

图10.4　压痕对角线长度的测定方法

四、实验步骤及方法

1.布氏硬度计的构造与操作

(1)布氏硬度计构造

HBE-3000型电子布氏硬度计的外形结构如图10.5所示,其主要部件及作用如下:

①机体与工作台。布氏硬度计有铸铁机体,在机体前台面上安装了丝杠座,其中装有丝杠,丝杠上装立柱和工作台,可上下移动。

②杠杆机构:杠杆系统通过电动机可将试验力自动加在试样上。

③压轴部分:用以保证工作时试样与压头中心对准。

④减速器部分:带动曲柄及曲柄连杆,在电机转动及反转时,将试验力加到压轴上或从压轴上卸除。

⑤换向开关系统是控制电机回转方向的装置,使加载、卸载自动进行。

(2)操作前的准备工作

①把根据表10.2选定的压头擦拭干净,装入主轴衬套中。

②安装工作台。当试样高度小于120 mm时应将立柱安装在升降螺杆上,再装好工作台进行试验。

③接通电源,打开指示灯,证明通电正常。

④确定试验力保持时间 T,一般10~15 s,操作按键选择确定。

⑤ 根据球压头直径确定试验力,按键选择相应工作试验力。

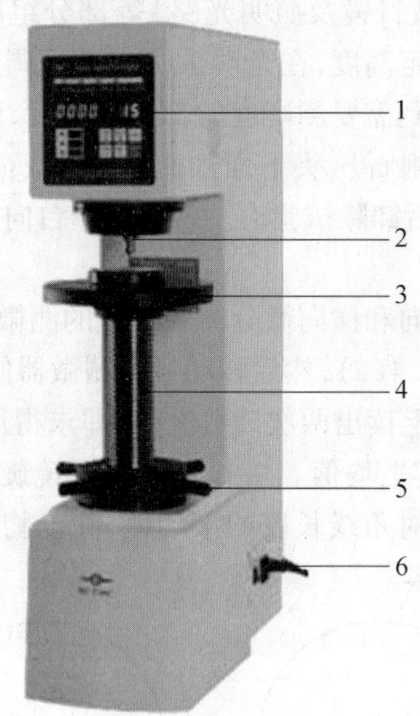

图 10.5 HBE-3000 布氏硬度计

1—操作显示面板;2—压头;3—工作台;4—丝杠;5—操纵手轮;6—电源

(3)布氏硬度计的操作程序

①将试样平稳地放在工作台上,顺时针缓慢转动手轮,待工件接触压头的同时试验力开始显示。

②当试验力接近自动加载值时须缓慢上升。当达到自动加载值(HBE-3000 的自动加载值为 90)时,仪器发出蜂鸣音,停止转到手轮,加载指示灯亮,开始自动加载。

③加载到所选定的力值,发出蜂鸣音,加载结束,加载指示灯灭,保载指示灯亮,并进行倒计时。

④保载时间结束,发出蜂鸣音,保载指示灯灭,卸载指示灯亮开始卸载;卸载结束,反向转动手轮使工件与压头脱开,一次试验结束。

⑤取下试样用读数显微镜测出压痕直径 d_1,d_2,根据读数求出平均值 d,查附表即得测试材料的 HBW 值。

2. 洛氏硬度计的构造与操作

(1)洛氏硬度计的结构包括机体、升降丝杠、旋转手轮、工作台、压头、操作面板、试验力切换手轮、打印机等,图 10.6 为 HRS-150 数显洛氏硬度计外观结构示意图。

图 10.7 为操作面板显示窗口,面板键功能如下:

Ⅰ:数显屏Ⅰ为硬度值显示,单位 HR,也显示预选硬度测试时间和次数等。

Ⅱ:数显屏Ⅱ为硬度标尺显示,共显示 9 种硬度标尺,分别为 HRC,HRF,HRB,HRG,HRH,HRE,HRK,HRA,HRD。

“+”键——递增键,每按一次加 1。

“-”键——递减键,每按一次减 1。

“SC”键——标尺键,洛氏硬度的 9 种标尺按键选用,数显屏Ⅱ显示。

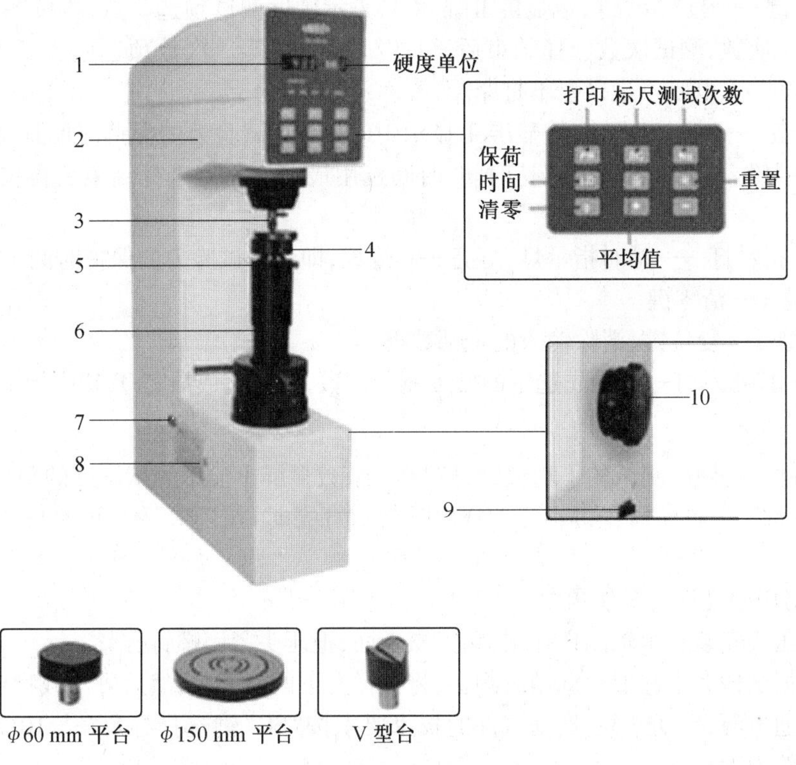

图 10.6　洛氏硬度计的结构示意图

1—操作面板;2—机体;3—压头;4—工作台;5—旋转手轮;6—升降丝杠;
7—RS232 接口;8—打印机;9—电源开关;10—试验力切换手轮

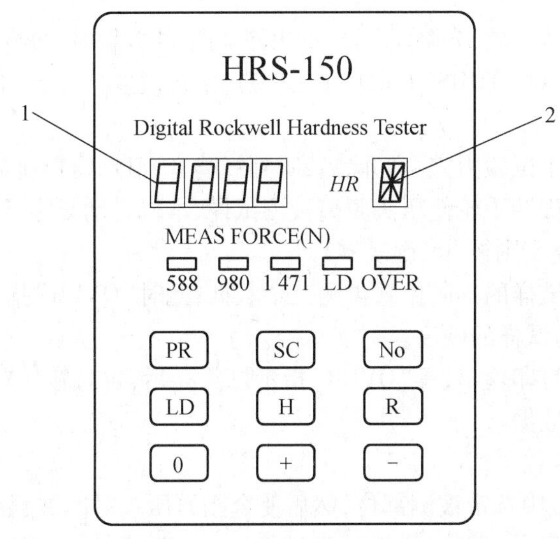

图 10.7　洛氏硬度计操作面板

"588,980,1471"指示灯——9 种标尺对应的三种试验力,若选用 A 标尺,对应"588"指示灯亮;一般 C 标尺为常用标尺,开机时自动显示,"1471"指示灯亮。

"No"键——按"No"键,数显屏Ⅱ显示3,表示硬度测试预选3点,再按"+"、"-"键,可增减测试次数,测试次数选择结束后,再按"No"键复零。次数预选应少于20次,且每次测试的第一点电脑不记录也不打印。

"LD"键——按"LD"键,数显屏Ⅰ显示10,表示总试验力的保持时间预选为10s,再按"+"、"-"键,可增减试验力保持时间,时间选用最多为30s,选择结束后再按"LD"键复零。

"LD"指示灯——延时指示灯,灯亮——灯灭,即为总试验力的保持时间。

"0"键——清零键。

"R"键——复位键,消除输入的全部数据。

"OVER"指示灯——预先选定的硬度测试次数,操作完成后,"OVER"指示灯亮,可打印记录。

"$\overline{H}$"键——硬度测试的平均值键,按"$\overline{H}$"键,数显屏Ⅰ显示测试硬度的平均值。

"PR"键——打印指令键。当"OVER"指示灯亮时,按"PR"键,可打印输出测试结果。

(2)洛氏硬度计的操作顺序:

①将压头安装在主轴测杆孔中,贴紧支承面,把压头紧固螺钉拧紧。

②根据试样大小和形状选用载物台,将试样上下两面磨平,然后置于载物台上。

③接通电源,启动开关,根据试件的技术要求按"SC"键选择标尺(表10.2),即压头类型和试验力大小。

④选择试验力保持时间,按"LD"键,再按"+"键增加、"-"键减少。

⑤选择测试次数,一般选择测试3次。先按"No"键,后按"+"键增加、"-"键减少操作次数。

⑥顺时针转动旋转手轮,升降丝杆上升,压头与试件接触时,缓慢平稳上升丝杆,直到显示窗口显示大约为600(THRS-150D约为300),洛氏硬度计开始加载→保载→卸载,自动完成硬度测试过程。

⑦当洛氏硬度计主试验力完全卸除后,听到蜂鸣音,显示窗口所显示的数值即为硬度值。然后逆时针转动旋转手轮使压头脱离被测试样,本机自动复零,则一次试验循环结束(有时如果不能自动复零则按"0"键复零)。

⑧用同样方法在试样的不同位置再测三个数据,此时"OVER"指示灯亮,本组测试结束,取其算术平均值为试样的硬度。

⑨如果选择本机打印输出,等"OVER"指示灯点亮后,再直接按"PR"键,打印机会自动打印出测试的统计数据。

3. 维氏硬度

(1)从测量显微镜中选定被测部位,然后使金刚石压头对准被测部位。

(2)扳动加载手柄,使试验力慢慢加至试件上,保载10 s以上时间后,即可缓慢卸除试验力。

(3)将测量显微镜移至压痕上方,对准焦距,测出压痕对角线长度,查表可得维氏硬度的硬度值。

4. 实验注意事项

(1)试样两端要平行,表面应平整,若有油污或氧化皮,可用砂纸打磨,以免影响测定。

(2)圆柱形试样应放在带有"V"形槽的工作台上操作,以防试样滚动。

(3)加载时应细心操作,以免损坏压头。

(4)测完硬度值,卸掉试验力后,必须使压头完全离开试样后再取下试样。

(5)金刚石压头系贵重物件,质硬而脆,使用时要小心谨慎,严禁与试样或其他物件碰撞。

(6)应根据硬度计的使用范围,按规定合理选用不同的试验力和压头,超过使用范围,将不能获得准确的硬度值。

五、实验设备及材料

1. 布氏硬度计。
2. 读数显微镜。
3. 洛氏硬度计。
4. 维氏硬度计。
5. 硬度试块若干。
6. ϕ30×40 mm 的工业纯铁,20,45,60,T8,T10,T12 等退火钢试样。
7. ϕ40×30 mm 的 20,45,60,T8,T10,T12 钢,正火态、淬火及回火态试样。
8. 显微硬度试样。

六、实验数据

实验数据记录表

测试材料	主要规范	硬度值		
		HBW/(N·mm^{-2})	HRC	HV/(N·mm^{-2})

七、实验报告要求

1. 简述布氏硬度、洛氏硬度和维氏硬度的试验原理。
2. 测定碳钢(20,45,60,T8,T12)退火试样的布氏硬度值(HBW)。
3. 测定碳钢(45,60,T8,T12)正火及淬火试样的洛氏硬度值(HRC)。
4. 测定 45 钢调质试样的洛氏硬度值(HRC)。

5. 测定碳钢试样的维氏硬度值(HV)或显微硬度值。

八、思考题

1. 分别说明布、洛氏硬度的使用范围以及对比其优缺点。
2. 分析碳质量分数对钢组织和性能的影响。

实验 11　钢的淬透性实验

一、实验目的

1. 掌握末端淬透性试验原理、操作步骤和方法。
2. 进一步理解淬透性的概念。
3. 了解几种常用结构钢淬透性的大小。

二、实验内容

用末端淬火法测定 45,40Cr,20Cr,GCr15 钢的淬透性。

三、实验原理

图 11.1 表示用末端淬火法测定淬透性试验示意图。这种测试方法是将一个圆柱形试样加热至淬火温度,然后在试样的末端冷却。因为整个圆柱体沿长度方向的冷却条件不一样,即由末端向上冷却速度逐渐减小,末端的冷速最大,上部顶端的冷速最小。由于冷速的不同,则试样沿长度方向所获得的组织和硬度也不一样。钢在不同温度时的组织转变,可根据钢的奥氏体冷却转变曲线来确定。

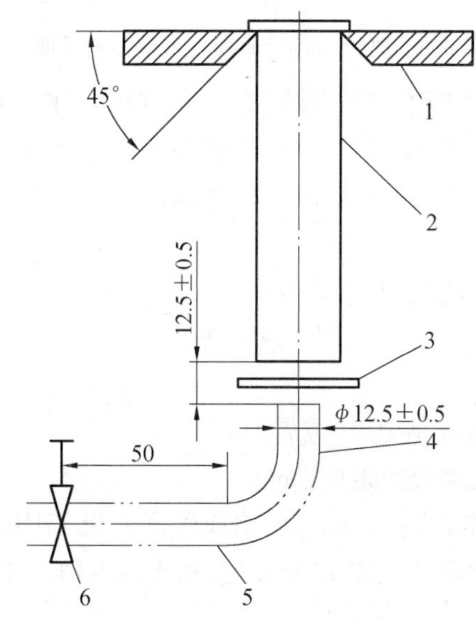

图 11.1　末端淬透性试验示意图

1—试样定位对中装置;2—试样位置;3—圆盘;4—喷水管口;5—供水管;6—快速开关阀门

图 11.2(a)是奥氏体连续冷却转变曲线图,为了和图 11.2(b)、图 11.2(c)相对应,将通常用的纵横坐标轴转了 90°。

图 11.2(a)中的实线表示奥氏体的连续冷却转变图,虚线为冷却曲线,$C_1,\cdots,C_6$ 分别与图 11.2(b)中的 $V_1,\cdots,V_6$ 相对应,而又与图 11.2(c)中的硬度 $H_1,\cdots,H_6$ 相对应。由图 11.2 可以

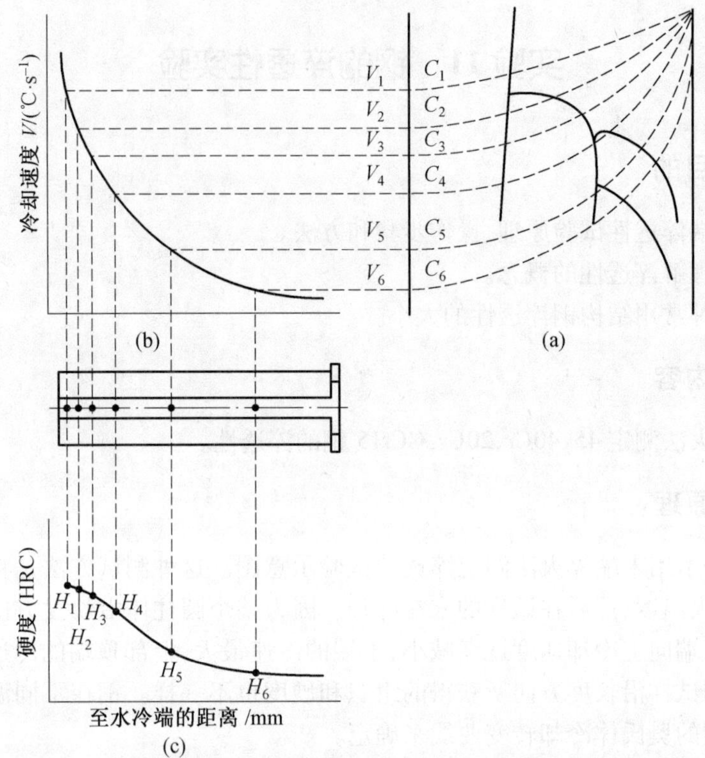

图 11.2　冷却曲线、奥氏体转变曲线与末端淬透性曲线三者的关系

清楚地看到试样沿长度的不同部分,冷却速度不一样,其相应的硬度及组织也有所差异。

根据所测得的硬度值,便可绘出至水冷末端距离的硬度变化曲线,即淬透性曲线。图 11.2(c)对某一牌号的钢而言,由于成分的波动,冶金质量的影响,淬透性曲线将在某一范围内变化。

钢的淬透性测量结果可用下列形式表示

$$J\times\times - d$$

其中 J——末端淬透性;

××——表示硬度值,可以是 HRC 或者 HV30;

d——从测量点至淬火端面的距离,mm。

例如,J35-15 表示距淬火端 15 mm 处,洛氏硬度值为 35HRC。

JHV450-10 表示距淬火端 10 mm 处,维氏硬度值为 450HV30。

四、实验步骤与方法

1. 按 GB/T225—2006 规定方法从产品中取出样坯,先将样坯按产品标准规定温度范围的平均温度进行正火,在正火温度下的保温时间应为(30_0^{+5})min,然后按照图 11.3 标准试样尺寸加工好试样。

2. 在加热炉内没有保护气氛的情况下,将试样放入用钢板焊成的铁盒内,铁盒底部铺少量的石墨,然后将试样垂直放入,以防止加热时端部氧化脱碳,也可在试样表面涂一层

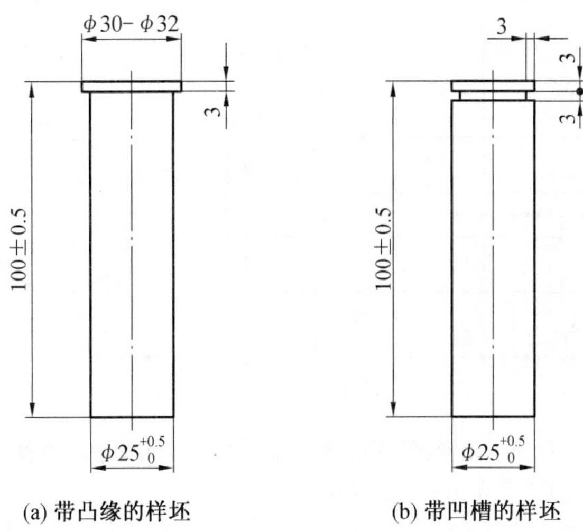

(a) 带凸缘的样坯　(b) 带凹槽的样坯

图 11.3　标准试样尺寸

防氧化涂料。

3. 试样应均均加热至相关产品标准或特殊协议中规定的温度，加热时间应不小于 20 min，随后把装好试样的铁盒放入炉内在规定的温度保温（30_0^{+5}）min。淬火加热温度规范见表 11.1。

表 11.1　淬火加热规范

材料	45	40Cr	GCr15	20Cr
加热温度	840 ℃	850 ℃	850 ℃	900 ℃

4. 接好端淬机上的进、出水管，调节水阀。使水柱由喷水口向上喷出，自由高度为 65±10 mm，水温控制在（20±5）℃范围内。调节好后把水管阀门的开启位置记好，以便淬火时水压固定，使喷出的水柱高度按规定不变，调节完毕后擦干试样支架上的水滴。

5. 试样加热好后迅速移至端淬机支架上喷水冷却，试样自炉内取出至水冷开始时间不得超过 5 s。水冷时试样应处于静止的空气中，水冷时间大于 10 min。

6. 淬火后将试样圆柱表面的平行二边磨去 0.4～0.5 mm 的深度，在磨制的过程中特别注意试样不应发生回火现象。

7. 将磨制好的试样放在可机械移动的支架上，用洛氏硬度计，沿平面的中心线测量硬度值 HRC。硬度计上试样的移动装置应能准确对准硬度测试平面的中心线，并保证压痕位置精度小于±0.1 mm。由试样水冷端按规定的位置逐次测量，直到末端需要的硬度为止，此硬度值一般取该钢号的半马氏体硬度。

（1）通常测量离开淬火端面 1.5 mm，3 mm，5 mm，7 mm，9 mm，11 mm，13 mm，15 mm 前 8 个测量点和以后间距为 5 mm 各测量点的硬度值，如图 11.4 所示。

（2）测量低淬透性钢硬度时，第一个测量点应在距淬火端面 1.0 mm 处，从淬火端面至 11 mm 距离内的其他各测量点以 1 mm 为间距，最后 5 个测量点距淬火端面的距离应分别为 13 mm，15 mm，20 mm，25 mm 和 30 mm。

8. 按两个相互平行的平面上各点所测得硬度的平均值，以 HRC 为纵坐标，以距水冷

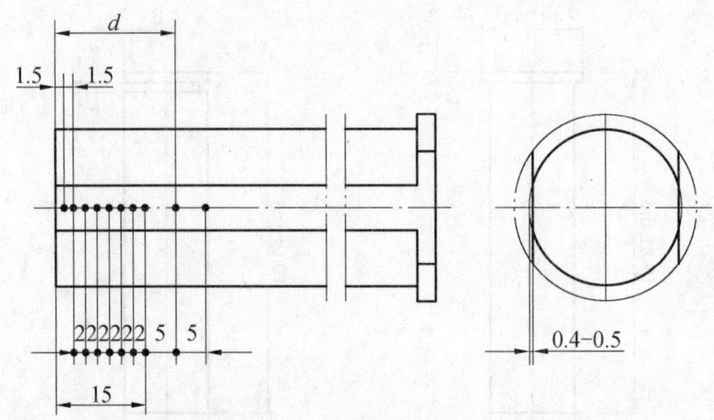

图 11.4　硬度测量用试样的制备与硬度测量点的位置

端的距离为横坐标，绘出该材料的淬透性曲线。

9. 实验完毕后整理好所用设备、工具，关闭水源、电源，清扫实验场地。

五、实验设备及材料

1. 末端淬火机
2. 加热炉
3. 试样
4. 洛氏硬度计
5. 砂轮机

六、实验数据

实验数据记录表

材料	硬度值/HRC 距水冷端的距离/mm										
	1.5	3	5	7	9	11	13	15	20	25	30

七、实验报告

1. 写出实验目的和实验原理。

2. 根据测得的实验数据，在同一张图中画出 45 钢、40Cr 钢的淬透性曲线，比较这两种钢的淬透性高低，并简述原因。

3. 画出 ϕ60 mm 的 45 钢和 40Cr 钢截面上的硬度分布曲线。

八、思考题

1. 影响钢的淬透性的因素有哪些？在实际应用中钢的淬透性是否越高越好？

2. 如何利用钢的淬透性曲线比较两种钢的淬透性及淬硬性的高低？

实验 12 碳钢的热处理工艺实验

一、实验目的

1. 了解普通热处理工艺(退火、正火、淬火和回火)的操作方法。

2. 分析钢在热处理时碳的质量分数、加热温度、冷却速度及回火温度等主要因素对钢热处理后性能的影响。

二、实验内容

1. 对实验试样进行标号,以免混淆。

2. 将 4 块 45 钢试样加热到 820 ~ 840 ℃,保温 15 min 后分别进行随炉冷却,空冷,油冷和水冷。

3. 将 3 块 T8 钢试样加热到 770 ℃,保温 15 min 后水冷,然后再分别放入 200 ℃,400 ℃,600 ℃的电炉中回火 30 min。回火后,一般可采用空冷。

三、实验原理

热处理是一种很重要的金属加工工艺方法,也是充分发挥金属材料性能潜力的重要手段。热处理的主要目的是改变金属材料的性能,其中包括使用性能及工艺性能。钢的热处理工艺过程是:将钢加热到一定的温度,经一段时间的保温,然后以某种速度冷却下来。通过这样的工艺过程,钢的性能发生改变。

热处理之所以能使金属材料的性能发生显著变化,主要是因为金属材料的内部组织结构可以发生一系列的变化。采用不同的热处理工艺过程,将会使金属材料得到不同的组织结构,从而获得所需要的性能。钢的热处理基本工艺方法可分为退火,正火,淬火和回火,如图 12.1 所示。实施热处理操作时,加热温度、保温时间和冷却方式是最重要的基本工艺因素。

1. 钢的退火

钢的退火通常是把钢加热到临界温度 Ac_1 或者 Ac_3 以上,保温一段时间,然后缓慢地随炉冷却。此时,奥氏体在高温区发生分解,从而得到接近平衡状态的组织。

保温时间的经验公式为

$$\tau = KD$$

式中 K——加热系数,一般 $K = 1.2 \sim 1.5$ mm/min,若装炉量大,则可延长保温时间;

D——工件有效厚度,mm。

2. 钢的正火

钢的正火通常是把钢加热到临界温度 Ac_3 或者 Ac_{cm} 以上 30 ~ 50 ℃,保温一段时间,然后进行空冷。由于冷却速度稍快,与退火组织相比,组织中的珠光体量相对较多,且片层较细密,故性能有所改善,细化了晶粒,改善了组织,消除了残余应力。正火保温时间的确定参见经验公式。

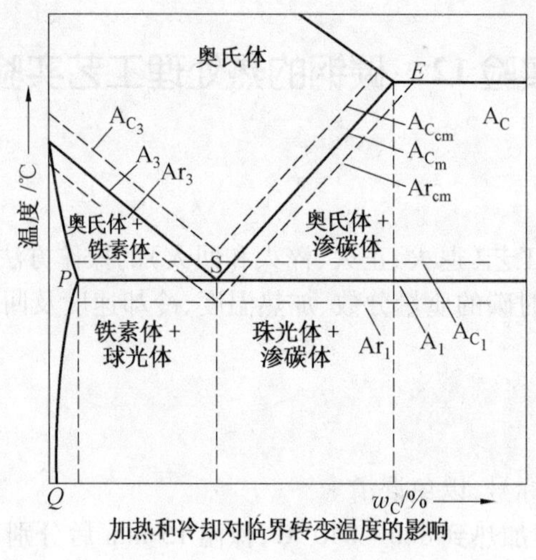

图 12.1　钢的热处理相变温度

3. 钢的淬火

钢的淬火通常是把钢加热到临界温度 Ac_3(亚共析钢)或 Ac_1(过共析钢)以上 30 ~ 50 ℃,保温一定时间,然后放入各种不同的冷却介质中快速冷却(冷却速度大于临界冷却速度),以获得马氏体或贝氏体组织。碳钢淬火后的组织由马氏体和一定数量的残余奥氏体所组成。淬火保温时间的确定参见经验公式。

4. 钢的回火

钢的回火通常是把淬火钢重新加热至 Ac_1 以下的一定温度,经过适当时间的保温后,冷却到室温的一种热处理工艺。由于钢经淬火后得到的马氏体组织硬而脆,并且工件内部存在很大的内应力,如果直接进行磨削加工则往往会出现龟裂,一些精密的零件在使用过程中将会引起尺寸变化而失去精度,甚至开裂。因此,淬火钢必须进行回火处理,不同的回火工艺可以使钢获得各种不同的组织和性能。回火保温时间的确定参见经验公式。

四、实验步骤与方法

钢的退火操作步骤:入炉→保温→炉冷→出炉。

钢的正火操作步骤:入炉→保温→出炉→空冷。

钢的淬火操作步骤:入炉→保温→出炉→油冷(或水冷)。

钢的回火操作步骤:淬火试样入炉→保温→出炉→空冷。

五、实验设备及材料

1. 实验用的箱式电阻加热炉及相关测控温设备。
2. 洛氏硬度计。
3. 冷却剂:水,10 号机油。
4. 45 钢试样,T8 钢试样。

六、实验数据

退火硬度分析:45 钢的硬度≤197HBW。

正火硬度分析:45 钢的硬度≤241HBW。

淬火硬度分析:45 钢的硬度约为 55HRC,T8 钢的硬度为 60～65HRC。

回火硬度分析:200 ℃回火,T8 钢的硬度约为 60HRC;400 ℃回火,T8 钢的硬度约为 42HRC;600 ℃回火,T8 钢的硬度约为 27HRC。

七、实验报告

1. 描述钢的热处理工艺(退火、正火、淬火和回火)的工艺特点,并画出相应的工艺曲线。

2. 分析钢在热处理时碳的质量分数、加热温度、冷却速度及回火温度等主要因素对钢热处理后硬度的影响。

八、思考题

1. 亚共析钢和过共析钢淬火加热温度的选择原则。为什么过共析钢淬火加热温度不能超过 Ac_m 线?

2. 碳钢在回火时的组织转变过程及相应性能变化?

实验 13　激光加工工艺实验

激光加工是将高能量密度的激光束作用于物体表面从而使其表面性能发生改变的加工过程,近年来广泛应用于冶金、化工、机械、汽车、航空航天等行业。由于激光束具有亮度高、方向性强、单色性和相干性好等特点,使激光加工技术在金属材料、无机非金属材料、高分子材料和复合材料等的表面处理中表现出广阔的应用前景。

一、实验目的

1. 了解激光加工设备的组成。
2. 理解激光加工的原理。
3. 掌握激光合金化、激光熔敷等激光加工技术的基本方法及应用。

二、实验内容

激光表面处理技术种类很多,如激光表面相变强化、激光熔凝处理、激光合金化、激光焊接与切割、激光 PVD 与 CVD 等。本实验只应用激光合金化与激光熔敷两种技术。

激光合金化是在高能量密度的激光作用下,将合金元素和基体表面迅速熔凝在一起,即利用激光使金属或合金表面的成分发生变化。激光熔敷也被称为激光熔覆或者激光涂覆,是一类新型的表面改性技术与加工方法,其实质是把具有耐磨、耐蚀或抗氧化等特殊性能的粉末预置在待加工工件表面或者与激光束同步送粉,使其在激光束辐照下快速熔化、扩散以及冷却凝固,最终在基体表面形成无气孔和裂纹等缺陷的涂层。

激光合金化和激光熔覆的不同之处在于:激光合金化是在液态下将基材表层以及合金元素充分混合而形成合金化层;而激光熔覆则是使预置合金粉末全部熔化而基体表面仅微熔,从而使两者之间达到冶金结合的同时又保持熔覆层的成分基本不变。激光合金化时,涂层的熔敷厚度保持在 0.3 ~ 0.5 mm 左右;激光熔覆时,涂层的熔敷厚度保持在 0.7 ~ 1 mm左右。

由于激光束的能量密度为高斯分布,中心能量高而边缘能量低,从而在垂直于扫描速度方向上的不同位置光束与工件的作用时间不同,因此获得的合金化层或熔敷层的形貌呈现中间深两边浅的“月牙状”。此外,合金化层或熔敷层中间呈现下凹,还与熔池中的对流运动有关。图 13.1、图 13.2 分别为激光合金化层与激光熔敷层横截面的组织形貌。

三、实验原理

1. 激光加工设备

激光加工设备包括激光器、光学系统、机械系统和辅助系统四大部分,统称为激光加工系统和激光工艺装置,如图 13.3 所示。

(1)激光器

激光介质、激活能源和谐振器三者结合在一起称为激光器。某些具有亚稳态能级结构的物质受外界能量激发时,可能使处于亚稳态能级的原子数目大于处于低能级的原子

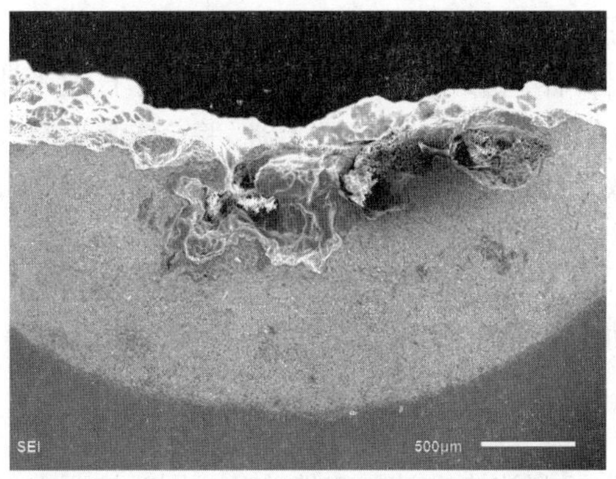

图 13.1　TC4 合金激光合金化层的组织形貌

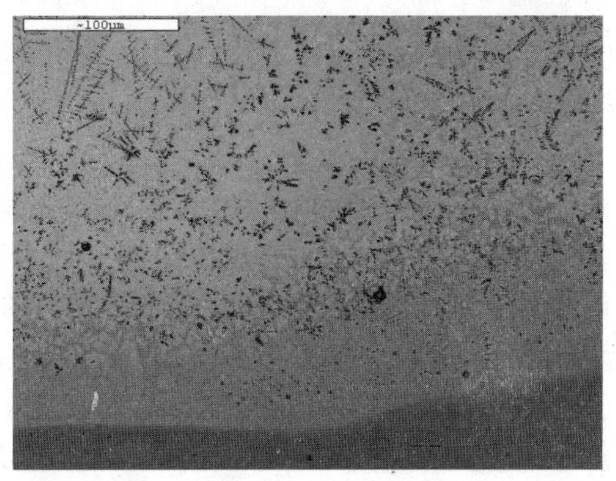

图 13.2　St6 合金激光熔覆层的组织形貌

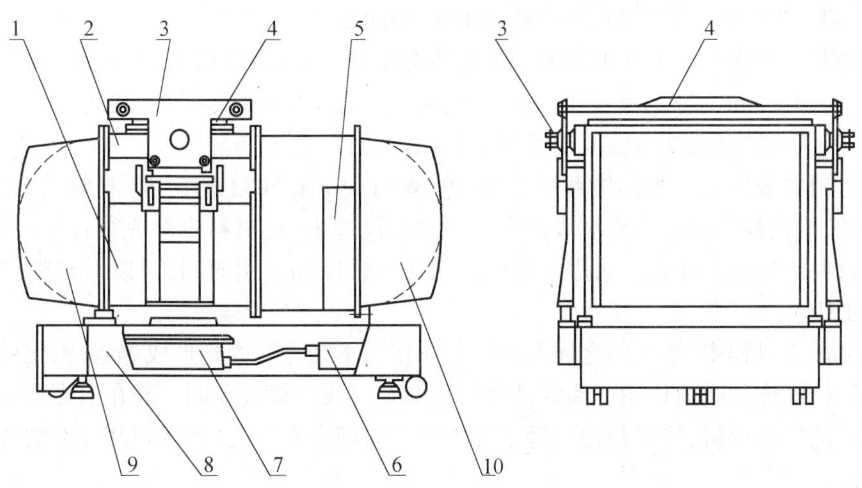

图 13.3　激光加工系统示意图

1—激光器;2—激光束;3—光学系统;4—工件;5—工作台;6—工艺介质输送系统;
7—辅助能源;8—微处理机;9—辐射参数传感器;10—工艺参数传感器

数目,此物质被称为激活介质。如果这时用能量恰好与此物质亚稳态和低能态的能量差相等的一束光照射此物质,则会产生受激辐射,输出大量频率、位相、传播和振动方向都与外来光完全一致的光，这种光称为激光。

激光器种类已达上百种，主要有固体激光器（如红宝石激光器、钕–钇铝石榴石激光器等）、气体激光器（如 CO_2 激光器）、液体激光器、半导体激光器、化学激光器等。目前工业上用于表面处理的激光器多为大功率 CO_2 激光器，这是目前可输出功率最大的激光器，效率可达 33%。

(2)光学系统

光学系统包括振动光学系统、集成光学系统、转镜光学系统等，是将激光引导到热处理工件表面的装置。

(3)机械系统

保证激光加工过程中，激光束和被加工件单独或同时按要求移动的机械系统。

(4)辅助系统

辅助系统包括喷气与排气装置、吹风水冷装置、功率监控与瞄准装置、遮光装置、防止激光造成人身伤害的屏蔽装置等。

2. 激光加工原理

激光加工是利用激光亮度高、方向性和单色性好的特性，通过光学系统将激光束聚焦成尺寸极小而能量密度极高（$10^4 \sim 10^{11}$ W/cm^2）的光斑照射到工件表面，使其在极短的时间（$<10^{-3}$ s）内熔化甚至汽化，从而达到加热和去除工件表面材料的目的。当激光束照射于工件表面时，一部分被反射，其余部分被吸收。金属表层和其表面所吸收的激光进行光–热转换。当光子和金属的自由电子相碰撞，金属导带电子能级提高，并将其吸收的能量转化为晶格的热震荡。由于光子能穿过金属的能力极低，故仅能使其表面一薄层温度升高，且由于导带电子的平均自由时间只有 10^{-3} s 左右，因而这种热交换与热平衡的建立非常迅速。激光加热过程中金属表面极薄层的温度可在极短时间内达到相变或熔化温度。

在激光加热作用下工件表面的状态随激光加工工艺参数的变化而变化。激光功率密度较低（10^2 W/mm^2）时，工件表面主要产生温升相变现象；激光功率密度增大时表面将被熔化甚至于瞬时汽化；功率密度继续增大时，表面附近的金属蒸汽及气体变为等离子体，对激光起到屏蔽作用。激光功率很大的（10^9 W/mm^2）脉冲激光作用于材料表面时，材料瞬时汽化，汽化粒子高速飞出对表面产生很大的反冲力，在材料中形成很强的冲击波，因而能使材料产生冲击硬化。采用不同的激光功率密度和作用时间，可以对材料进行不同类型的加工。

激光加工过程中，熔化的金属在保护气体作用下结晶凝固则形成焊缝，汽化后的金属蒸气在辅助气体的吹力作用下离开被加工表面则形成割缝或孔洞。若在激光加工过程中加入一定的粉末材料，使其与被处理工件表面材料熔合在一起，可得到高性能的合金化层或熔覆层。

四、实验步骤与方法

采用功率为 1500W 的 HJ–4 型横流式 CO_2 连续激光器对预涂混合粉末的钛合金试样表面进行激光合金化、激光熔敷处理、激光束垂直扫描。图 13.4 为激光合金化（熔敷）的工艺流程图。

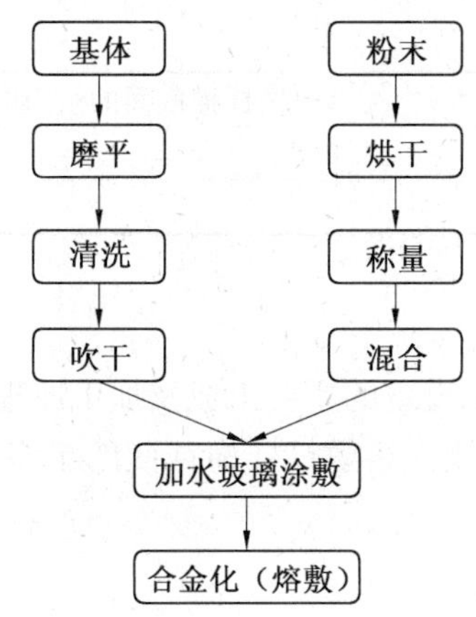

图 13.4　激光合金化(熔敷)工艺过程流程图

激光合金化试样的涂层厚度控制在 0.3 ~ 0.5 mm 之间,激光熔敷试样的涂层厚度控制在 0.7 ~ 1 mm 之间。将预置混合粉末涂层的钛合金试样放置在工作台上,正对着激光发射口的位置,并将保护气口正对着钛合金涂层表面。通过调节焦平面到试样的距离(离焦量)来控制光斑的大小,光斑直径一般取 2 ~ 5 mm。位置调整好之后,将试样水平方向移动使之与激光器喷口拉开一定距离,然后让试样向激光喷口方向以一定的速度匀速运动。在试样将要运动到保护气口时,提前 1 s 开启氮气保护气。当试样将要运动到激光喷口正中心垂直位置时,提前 1 s 开启激光发射器。随后在氮气的保护下,对试样表面进行激光合金化或激光熔敷。

在激光扫描过程中,试样保持原有的运动速度不变。试样表面经激光扫描完成后,将激光关闭,为使保护气对试样表面进行充分的保护以防氧化,约 2 s 后再将氮气关闭。

激光加工结束后,借助金相显微镜观察激光合金化层和激光熔覆层横截面的组织形貌,利用显微硬度计测量合金化层和熔覆层的硬度。

五、实验设备及材料

1. 实验设备:HJ-4 型横流式 CO_2 连续激光器(功率 1 500 W),金相显微镜,显微硬度计。

2. 实验材料:基体材料采用 Ti-6Al-4V (TC4)合金,试样尺寸为 10 mm×10 mm×12 mm;涂层材料包括 B_4C 粉末、石墨粉、Ti 粉;粘结剂采用水玻璃溶液。

3. 激光工艺参数:实验过程中采用的工艺参数如下,控制激光功率为 800 ~ 1 000 W,扫描速度为 2.5 ~ 5 mm · s^{-1},保护气氮气压力为 0.2 ~ 0.6 MPa。

六、实验数据

1. 激光合金化

激光功率/W	扫描速度/mm · s^{-1}	试样横截面的组织图	合金化层硬度范围 $HV_{0.2}$
800	2.5		
1000	5		

2. 激光熔敷

激光功率/W	扫描速度/mm · s^{-1}	试样横截面的组织图	熔敷层硬度范围 $HV_{0.2}$
800	2.5		
1000	5		

七、实验报告

1. 简述实验目的、激光加工设备的主要组成及加工原理。

2. 画出激光合金化试样和激光熔敷试样横截面的组织，记录显微硬度计测量的合金化层和熔覆层的硬度范围。

八、思考题

1. 激光是如何形成的？激光加工的原理是什么？
2. 激光合金化与激光熔敷有何不同？
3. 钛合金激光合金化层与激光熔敷层包括哪几部分？

第 2 部分　材料的综合性实验

实验 14　铁碳合金基本组织的观察

一、实验目的

1. 运用铁碳合金相图分析铁碳合金平衡凝固过程，熟悉不同碳质量分数的铁碳合金的组织特征及其随碳质量分数变化的规律。

2. 熟悉铁碳合金的成分、组织和性能之间的关系。

3. 观察和分析碳钢经不同热处理后的组织。

4. 加深理解不同热处理工艺对碳钢组织和性能的影响。

二、实验原理

铁碳合金相图是研究铁碳合金组织的工具，确定其热加工工艺的重要依据。铁碳平衡组织是指合金在极其缓慢的冷却条件下凝固，并发生固态相变后所得到的组织，其相变过程按 Fe-Fe_3C 相图进行，如图 14.1 所示。

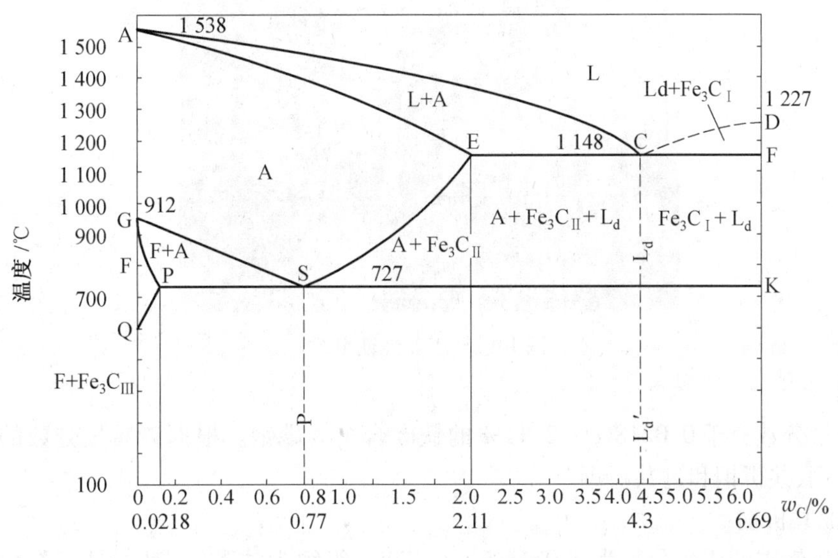

图 14.1　Fe-Fe_3C 相图

从 Fe-Fe_3C 相图上可以看到，所有的碳钢和铸铁在室温时的组织均由铁素体(F)和渗碳体(Fe_3C)这两个基本相组成，但是由于碳质量分数的不同，铁素体和渗碳体的相对数量、析出条件以及分布情况均有所不同。因而呈现各种不同的组织形态，其性能也各不相同。

用浸蚀剂显露的碳钢和白口铸铁，在金相显微镜下具有下面几种基本组织组成物：

(1)铁素体

铁素体(F)是碳在α-F的固溶体。铁素体为体心立方晶格，具有磁性及良好的塑性，硬度较低。明亮的晶粒，亚共析钢中呈块状分布；当碳质量分数接近共析成分时，铁素体则呈断续的网状，分布于珠光体周围。

(2)渗碳体

渗碳体(Fe_3C_{II})是铁和碳形成的一种化合物，质硬而脆。用3%～4%硝酸酒精溶液浸蚀后，在显微镜下呈亮白色。

(3)珠光体

珠光体(P)是铁素体和渗碳体的机械混合物。用3%～4%硝酸酒精溶液浸蚀后，在显微镜放大下可看到平行相间的宽条铁素体和细条渗碳体。当组织较细时珠光体的片层就不能分辨，而呈黑色。

(4)莱氏体

莱氏体(L'_d)室温时为珠光体、渗碳体及二次渗碳体所组成的机械混合物。

根据碳质量分数的不同，铁碳合金可以分为工业纯铁、钢和铸铁三类。现分别说明其组织形成过程及特征。

1. 工业纯铁

碳质量分数小于0.0218%的铁碳合金为工业纯铁。室温组织为等轴状铁素体+三次渗碳体(少量)，如图14.2所示。

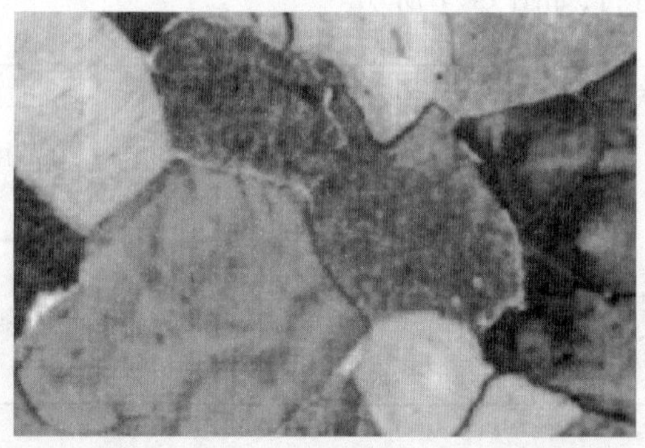

图14.2　工业纯铁组织

2. 钢

碳质量分数介于0.0218%～2.11%的铁碳合金为碳钢。根据碳质量分数的不同分为亚共析钢、共析钢和过共析钢。

(1)亚共析钢

亚共析钢碳的质量分数为0.0218%～0.77%，组织为铁素体+珠光体。在此成分范围内，随碳质量分数增加，铁素体的量减少，珠光体的量增加，因此力学性能随碳质量分数增加，强度和硬度增加，塑性和韧性下降。图14.3为亚共析钢的显微组织。

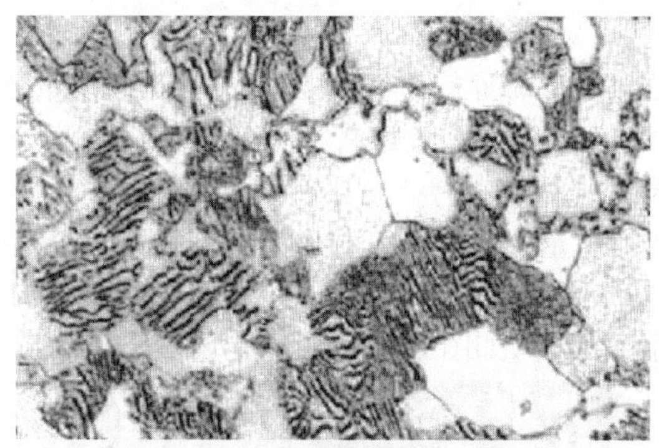

图 14.3　亚共析钢组织(20 钢　200×)

(2)共析钢

共析钢碳的质量分数为 0.77%,室温下组织为珠光体,即铁素体和渗碳体的机械混合物,呈层片状分布。珠光体中渗碳体的质量分数为 12%,铁素体为 88%。位相相同的一组铁素体+渗碳体层为一个共析区域,采用高倍电子显微镜观察可看到组织中窄条为 Fe_3C,宽条为 F,如图 14.4 所示。

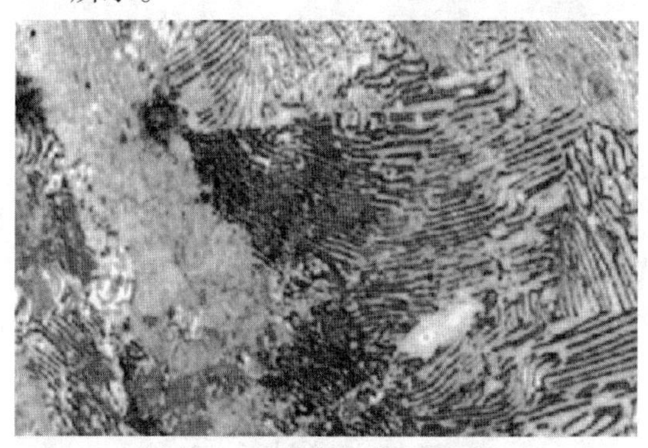

图 14.4　T8 钢组织(500×)

(3)过共析钢

过共析钢碳的质量分数在 0.77% ~2.11%之间,其室温下的组织为珠光体+网格状二次渗碳体(沿晶界析出)组成。当碳质量分数低于 1%时,二次渗碳体呈断续网状,随着碳质量分数增加,渗碳体网越粗。用 4%硝酸酒精溶液浸蚀下二次渗碳体网为白色,如图 14.5 所示。

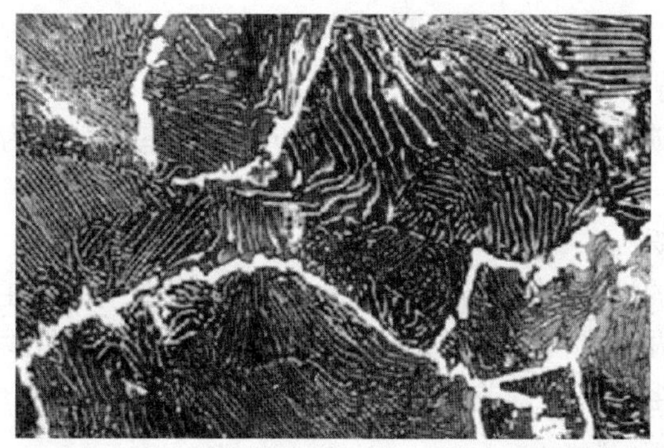

图 14.5　过共析钢组织(T12 钢)(500×)

3. 铸铁

铸铁碳的质量分数介于2.11% ~6.69%之间,并根据碳质量分数的不同又分为亚共晶白口铸铁、共晶白口铸铁、过共晶白口铸铁三种。

(1)亚共晶白口铸铁

亚共晶白口铸铁碳的质量分数介于2.11% ~4.30%之间,其室温组织为树枝状珠光体+低温莱氏体+二次渗碳体,因二次渗碳体与共晶渗碳体混为一体,辨认不出,因而室温组织可以认为是P+低温莱氏体,如图14.6所示。

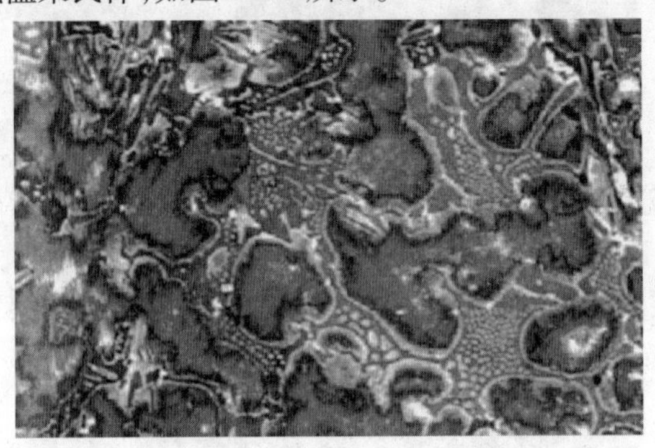

图14.6 亚共晶组织(200×)

(2)共晶白口铸铁

共晶白口铸铁碳的质量分数为4.30%,室温组织为低温莱氏体,即渗碳体基体上分布着短棒式小条状珠光体,如图14.7所示。

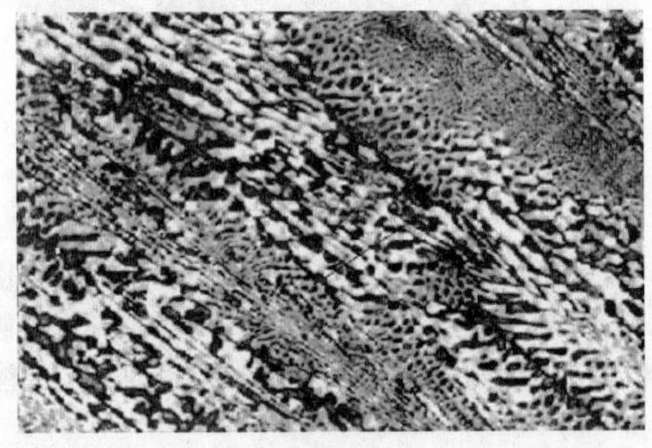

图14.7 共晶组织(200×)

(3)过共晶白口铸铁

过共晶白口铸铁碳的质量分数为4.30% ~6.69%,室温组织为粗大杆状的一次渗碳体+低温莱氏体,如图14.8所示。

4. 典型热处理组织

钢的组织决定钢的性能,在成分相同的情况下,改变钢组织的主要手段是通过热处理工艺来控制钢的加热温度和冷却过程,进而得到所希望的组织和性能。钢在热处理条件下得到的组织与平衡组织有很大差别。

(1)退火组织

完全退火主要适用于亚共析钢,退火后的组织接近于平衡态组织,如40钢的退火组织为

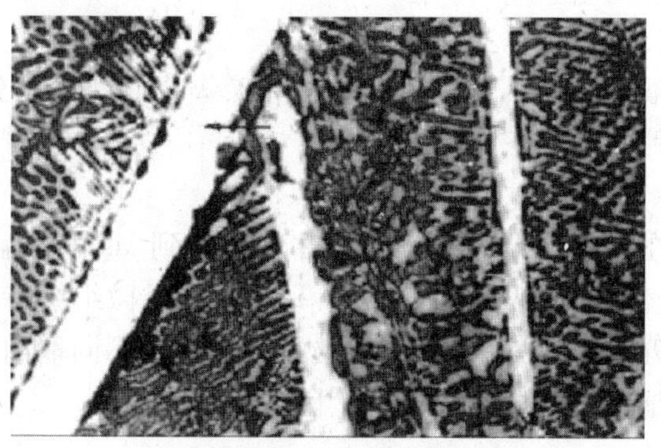

图 14.8　过共晶组织(100×)

铁素体+珠光体。球化退火主要适用于共析钢或过共析钢,其目的是使钢中的碳化物形成球体,以降低硬度、改善切削加工性,并为淬火做好组织准备。球化退火后得到球状碳化物均匀分布在铁素体基体上的粒状珠光体组织(球化体)。图 14.9 为球化退火的球化体组织。

(2)正火组织

正火的冷却速度大于退火的冷却速度,因此碳质量分数相同的情况下,正火比退火得到的组织要细。45 钢加热温度为 840 ~860 ℃,正火得到的组织为:索氏体+铁素体(呈断续网状分布),如图 14.10 所示。

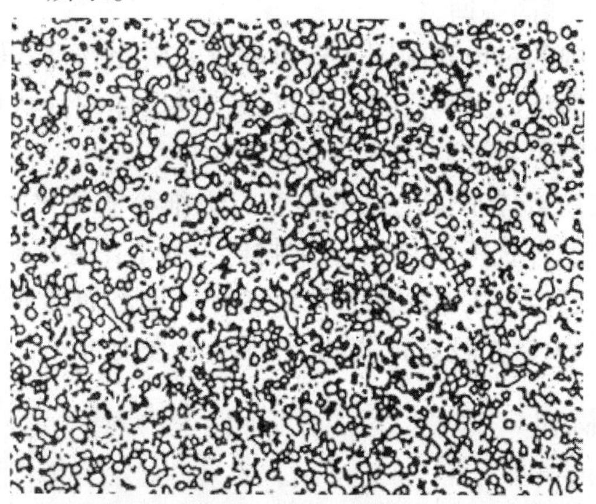

图 14.9　球化体组织

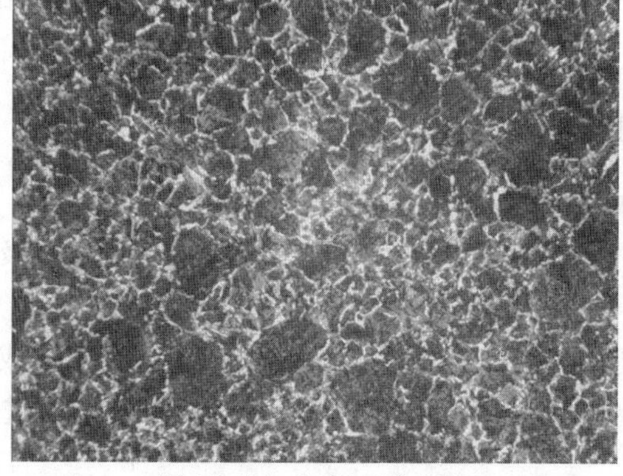

图 14.10　45 钢正火组织

(3) 淬火组织

不同成分的钢在不同的加热温度、保温时间和冷却条件下会得到不同的淬火组织，淬火组织主要有以下几种基本形态：

① 马氏体组织

马氏体是奥氏体在大于临界冷却速度条件下当冷到 Ms 以下温度的转变产物，有两种典型形态：板条马氏体和片状马氏体。板条马氏体的显微组织特征是由一束束平行排列的板条状组织成群分布，在一个奥氏体晶粒内可有几个不同取向的马氏体群。片状马氏体的显微组织特征是在光学显微镜下呈针状或竹叶状。

② 贝氏体组织

贝氏体是等温淬火得到的组织，常见的贝氏体有上贝氏体和下贝氏体。上贝氏体是在较高温度下等温形成，组织由平行排列的条状铁素体和在铁素体之间呈断续细条状分布的渗碳体组织，具有羽毛特征，性能差。下贝氏体是在较低温度下等温形成，组织是由具有一定过饱和的针状铁素体内部析出有碳化物的组织，碳化物大致与铁素体的长轴呈 55°～60°的角度分布，铁素体针在显微镜下呈黑色。

(4) 回火组织

马氏体作为亚稳定组织在实际工程中都需经过回火才能使用。按照回火温度的不同分为低温回火、中温回火和高温回火。

低温回火时马氏体内的过饱和碳原子析出形成 ε 碳化物，与马氏体母相保持共格关系，弥散分布在基体中，形成回火马氏体。其仍保持马氏体的针状特征，由于碳化物的析出使组织容易腐蚀而呈暗黑色。

中温回火时形成在铁素体基体上弥散分布着极细小的碳化物颗粒，即回火托氏体。回火托氏体仍保持原来的针状特征，由于碳化物极为细小在金相显微镜下无法辨认。

高温回火时铁素体已经失去了原来马氏体的针状形态而形成等轴状，渗碳体颗粒发生聚集长大，形成粗粒状分布在铁素体基体上，即回火索氏体。

三、实验设备及材料

(1) 金相显微镜。

(2) 常用碳钢的平衡组织金相试样、常用碳钢不同热处理金相试样、金相图谱、教学软件等。

四、实验内容与步骤

(1) 观察表 14.1 中各种组织形态，并画出组织形貌特征。

(2) 分析不同碳质量分数铁碳合金的凝固过程、组织特征以及相与组织组成物的本质，总结铁碳合金组织、性能与成分的关系。

(3) 分析不同热处理条件下各种组织的形成原因，通过相同成分采用不同热处理工艺所得到的组织，和不同成分采用类似热处理工艺所得到的组织进行比较。

五、实验报告

1. 写出实验目的及内容。

2. 画出所观察合金的显微组织示意图,分析碳质量分数增加时钢的组织和性能的变化规律。

3. 画出所观察合金的热处理特征,并分析不同热处理条件下显微组织的形成原因、组织特征以及对性能的影响。

六、思考题

1. 分析 40 钢及碳质量分数为 3% 的亚共晶白口铸铁的凝固过程。

2. 分析 45 钢 750℃加热水冷与 860℃加热油冷淬火组织的区别。若 45 钢淬火后硬度不足,如何根据组织来分析其原因是淬火加热温度不足还是冷却速度不够?

表 14.1　实验用显微试样

序号	成分	状态	浸蚀剂	显微组织
1	工业纯铁	退火	4% 硝酸酒精	铁素体+三次渗碳体
2	20 钢	退火	4% 硝酸酒精	铁素体+珠光体
3	40 钢	退火	4% 硝酸酒精	铁素体+珠光体
4	60 钢	退火	4% 硝酸酒精	铁素体+珠光体
5	T8 钢	退火	4% 硝酸酒精	珠光体
6	T12 钢	退火	4% 硝酸酒精	珠光体+二次渗碳体
7	亚共晶白口铸铁	铸态	4% 硝酸酒精	渗碳体+低温莱氏体
8	共晶白口铸铁	铸态	4% 硝酸酒精	低温莱氏体
9	过共晶白口铸铁	铸态	4% 硝酸酒精	低温莱氏体+一次渗碳体
10	20 钢	920℃加热水冷	4% 硝酸酒精	板条状马氏体
11	45 钢	860 ℃退火	4% 硝酸酒精	铁素体+珠光体
12		860 ℃正火	4% 硝酸酒精	索氏体+铁素体
13		860 ℃油冷	4% 硝酸酒精	托氏体+混合马氏体
14		860 ℃水冷 600 ℃回火	4% 硝酸酒精	回火索氏体
15		1 100 ℃水冷	4% 硝酸酒精	粗大马氏体
16	T12 钢	780 ℃球化退火	4% 硝酸酒精	粒状珠光体
17		1 100 ℃水冷 200 ℃回火	4% 硝酸酒精	粗大针状马氏体+残余奥氏体
18	T8 钢	280℃等温淬火	4% 硝酸酒精	下贝氏体

实验 15　常用机械零件的选材、热处理工艺、组织观察与硬度测定

一、实验目的

1. 熟悉常用材料的性能，了解典型机械零件的选材。

2. 了解典型零件的使用条件，掌握其性能要求及热处理工艺路线。

3. 观察常用零件热处理后的显微组织。

4. 初步掌握常用硬度计的原理及使用方法，了解常用零件的硬度试验方法。

5. 加深理解成分、加热温度、冷却速度、回火温度对金属材料组织及性能的影响。

6. 提高综合分析问题的能力。

二、实验内容

1. 确定轴、齿轮、箱体及弹簧等典型零件的材料。

2. 根据轴、齿轮、箱体及弹簧等典型零件的使用要求，确定其热处理工艺规范，并进行热处理。

3. 熟悉常用硬度计的原理及应用，根据零件特点及材料处理方式不同，选择合适的硬度测试方法及设备进行硬度测定。

4. 对热处理后的零件截取试块，磨制、抛光、腐蚀进行试样制备，用金相显微镜观察各种材料热处理后的微观组织并画出显微组织示意图。

5. 总结分析成分、热处理工艺不同对材料微观组织及硬度等力学性能的影响。

三、实验原理

1. 轴类零件选材及热处理

①轴的功能：支承旋转零件、传递动力或运动。

②主要失效形式：疲劳断裂；轴颈或花键处过度磨损；过量变形等。

③性能要求：良好的综合力学性能（强度和塑性、韧性良好），以防止断裂；高的疲劳强度；轴颈、花键等处具有较高硬度与耐磨性。

④选材：

a. 轻载、低速的一般轴（如心轴、拉杆、螺栓等）：Q235 ~ Q275，不热处理。

b. 中等载荷，一般精度轴（如曲轴、机床主轴等）：35 ~ 50 钢，热处理。

c. 重载、高精度或恶劣条件轴（如汽车、拖拉机轴，压力机曲轴等）：合金钢，如

40Cr，40MnB，30CrMnSi，35CrMo，40CrNiMo；

20Cr，20CrMnTi（渗碳）；

38CrMoAl（氮化）；

9Mn2V，GCr15 等

采用相应的热处理。

2. 齿轮类零件选材及热处理

(1)工作条件

齿轮功能:传递动力、改变运动速度和运动方向。

负荷特点:齿轮承受交变弯曲应力,一定冲击载荷,齿面很大接触应力及强烈摩擦。

失效形式:断齿、齿面剥落及过度磨损等。

(2)性能要求

高的接触疲劳强度、表面硬度和耐磨性;高的抗弯强度、适当的心部强度和韧性;良好的切削加工性和热处理工艺性。

(3)选材

选材原则:传动方式(开式或闭式)、载荷性质和大小(齿面接触应力和冲击负荷等),传动速度、精度及齿面硬化要求及齿轮副材料和硬度匹配等。

①钢制齿轮:

a. 轻载、低中速,冲击力小,精度低齿轮:选用碳钢(Q255,Q275,45,50Mn 等),热处理正火或调质成软面齿轮,如减速箱齿轮等。

b. 中载、中速、中等冲击、运动平稳齿轮:选用中碳(合金)钢(45,40Cr,42SiMn,55Tid等),表面感应加热淬火+低温回火,齿面50~55HRC,如机床齿轮。

c. 重载、中高速、大冲击载荷齿轮:选用低碳(合金)钢(20Cr,20MnB,20CrMnTi),热处理渗碳(碳氮共渗)、淬火+低温回火,齿面58~63HRC,如汽车、拖拉机变速齿轮和后桥齿轮。

d. 精密传动齿轮或硬面内齿轮,要求热处理变形小,选用38CrMoAl,35CrMo 等,调质及气体氮化,如非重载、工作平稳的精密齿轮。

②铸钢齿轮:大尺寸(≥400 mm)、形状复杂、受冲击的齿轮,退火或正火状态使用(耐磨性要求高者采用表面淬火)。

③铸铁齿轮:灰铸铁,用于轻载、低速、不受冲击的齿轮。

④有色金属齿轮:铜合金、铝合金,用于有腐蚀介质的轻载齿轮,如仪表齿轮等,另特殊用途,如为减摩,用锡青铜作蜗轮。

⑤工程塑料齿轮:尼龙等,轻、摩擦系数小、减振减噪,用于轻载、无润滑的小型齿轮(仪表、小型机械)。

3. 弹簧类零件选材及热处理

(1)功能与工作条件

功能:减振(汽车板簧)、储备机械能(仪表发条)、控制运动(气门、离合器等)。

负荷特点:承受交变应力。

主要失效形式:疲劳断裂、永久变形。

(2)性能要求

高的屈服强度、高的弹性极限和高的屈强比;高的疲劳强度;一定的塑性、韧性。

(3)选材

工程上用于制造弹簧的材料主要是碳钢和合金钢(如65Mn,$60Si_2Mn$,50CrVA 等),

以及有色金属,如铍青铜(仪表等场合)。

4. 箱体支承类零件选材及热处理

(1)功能:支承机器重量、安装固定零件,承受压应力及弯曲应力、一定动载及紧固力。

(2)性能要求:足够的强度、刚度,良好的减震性及尺寸稳定性,对于有相对运动的表面要求有足够的硬度和耐磨性、良好的加工性及铸造工艺性。

(3)选材及工艺路线,见表 15.1。

铸铁:最常用灰铸铁或球墨铸铁,如各种机床的箱体、支承件;一般要进行去应力退火或时效处理。

铸钢:ZG35Mn,ZG40Mn,用于载荷较大、承受冲击的箱体,如工程机械;为了消除粗晶粒组织、偏析及铸造应力,对铸钢件应进行完全退火或正火。

有色金属:用于重量轻、散热良好箱体,如喷油泵壳体、飞机发动机箱体;应根据成分不同,进行退火或淬火时效处理。

型材焊接:Q235,10,16Mn,大体积、简单形状、小批量箱体。

工艺路线:铸造(或焊接)成形→人工时效(或去应力退火)→切削加工。

表 15.1 部分箱体支承类零件用材情况

代表性零件	材料的种类及牌号	使用性能要求	处理及其他
机床床身、轴承座、齿轮箱、缸盖、变速器壳、离合器壳	灰铸铁 HT200	刚度、强度、尺寸稳定性	时效
机床座、工作台	灰铸铁 HT150	刚度、强度、尺寸稳定性	时效
齿轮箱、联轴器、阀壳	灰铸铁 HT250	刚度、强度、尺寸稳定性	去应力退火
差速器壳、减速器壳、后桥壳	球墨铸铁 QT400-15	刚度、强度、韧度、耐蚀	退火
承力支架、箱体底座	铸钢 ZG270-500	刚度、强度、耐冲击	正火
支架、挡板、盖、罩、壳	钢板 Q235,08,20,16Mn	刚度、强度	不热处理
车辆驾驶室、车箱	钢板 08	刚度	冲压成形

四、实验步骤与方法

(1)根据典型零件的工作条件,分析其性能要求,综合其使用性能、工艺性及成本等的考虑,为典型轴、齿轮、弹簧及箱体类零件选择合适的材料,并确定工艺路线及热处理工艺规范。

(2)在了解各类硬度计的结构及操作方法之后,针对不同材料、大小的零件,选择布氏硬度计或洛氏硬度计、里氏硬度计进行硬度测定,并记录所测得的硬度数据。

(3)针对典型零件,进行金相试样制备,在金相显微镜上观察其显微组织,画出显微组织图像,注明组织名称、热处理条件及放大倍数等,分析成分、热处理方式对其组织及性能的影响。

五、实验设备及材料

(1)设备:箱式电阻炉及控温仪表、预磨机、抛光机、砂轮机、金相显微镜、图像采集系统、布氏硬度计、洛氏硬度计、里氏硬度计。

(2)材料:常用机械零件若干、冷却介质水和油及淬火水桶、长柄铁钳、砂纸等。

六、实验数据

1. 轴类零件选材及热处理实例

(1)CM6140 车床主轴,如图 15.1 所示。

该机床主轴与滑动轴承配合,有冲击载荷,要求工作面硬度 52 ~ 58HRC,所以轴颈表面淬火+低温回火。综合其他方面因素,可选 45 钢。

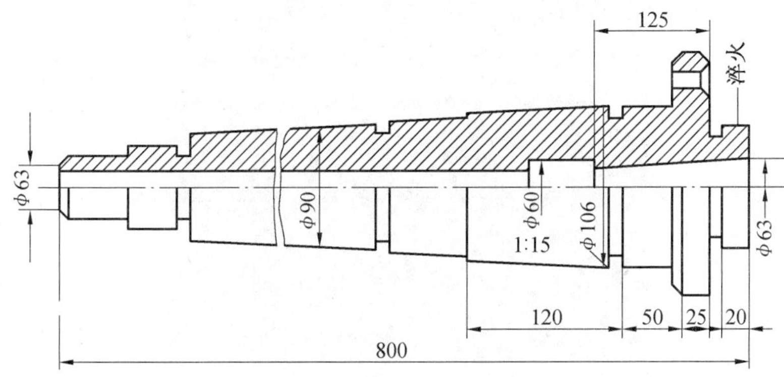

图 15.1　CM6140 车床主轴

整体调质(830 ℃水淬+ 500 ℃回火)达到 220 ~ 250HBW,然后轴颈、锥孔表面高频淬火+200 ℃回火达到 52 ~ 58HRC。热处理后显微组织如图 15.2 ~ 图 15.4 所示。

工艺路线:锻造→正火→粗加工→调质→半精加工→表面淬火及低温回火→磨削。

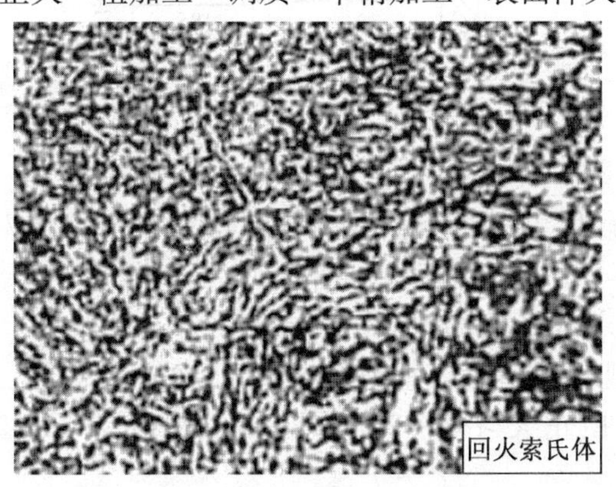

图 15.2　45 钢调质处理(400×)

(2)汽车半轴,如图 15.5 所示。

①工作条件:该轴在上坡或启动时,承受较大扭矩;承受一定的冲击力和较大的弯曲力;承受反复弯曲疲劳应力。

图 15.3　45 钢淬火+低温回火(1000×)

图 15.4　45 钢正火处理(100×)

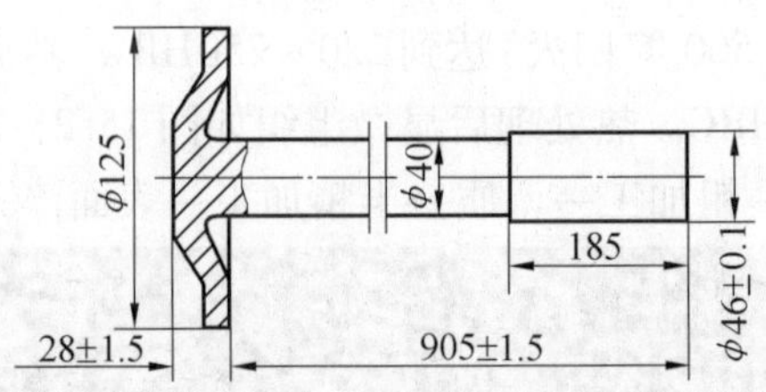

图 15.5　中型载重汽车半轴

②技术要求:杆部硬度 37 ~ 42HRC;盘部外圆硬度 24 ~ 34HRC;金相组织为回火索氏体和回火屈氏体。

弯曲度:杆中部<1.8 mm;盘部跳动<2.0 mm。

③选材:40Cr(中型载重汽车;若重型则选 40CrMnMo)。

④热处理技术条件:正火,187 ~ 241HBW;调质,杆部 37 ~ 42HRC,盘部外圆 24 ~ 34HRC。

工艺路线:锻造→正火→粗加工→调质→半精加工→盘部钻孔→精加工。

热处理后显微组织如图 15.6、图 15.7 所示。

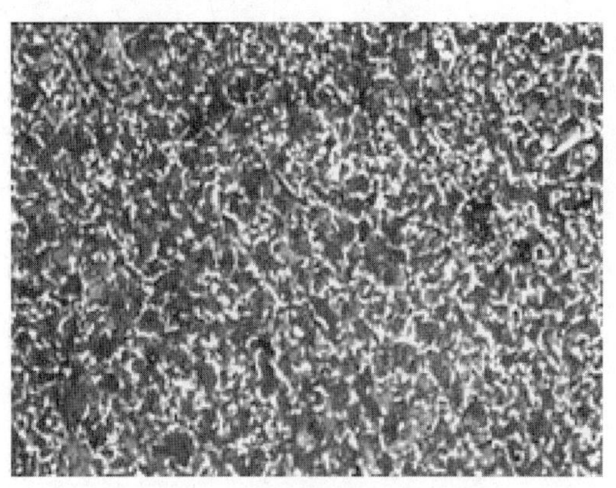

图 15.6　40Cr 钢正火(400×)

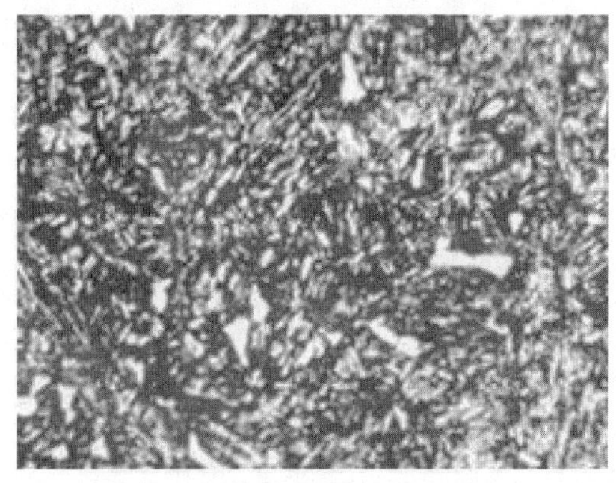

图 15.7　40Cr 钢调质处理(850×)

(3)110 型柴油机曲轴

①材料:QT600-3 球墨铸铁。轻、中载荷及低、中速内燃机用球墨铸铁;重载及中、高速时用锻钢。

②热处理技术条件:整体正火,$\sigma_b \geqslant 650$ MPa,$a_k \geqslant 15$ J/cm^2,240 ~ 300HBW;轴颈表面淬火、低温回火,硬度≥55HRC。

最终组织:P+G+少量 F,珠光体数量≥70%,热处理后显微组织如图 15.8、图 15.9 所示。

工艺路线:铸造成形→(880 ~ 920) ℃正火+(500 ~ 600) ℃高温回火→切削加工→轴颈表面淬火、低温回火→磨削。

2. 齿轮类零件选材及热处理实例

①机床齿轮:

负荷特点:运转平稳、负荷不大,条件较好。

材料:45 钢。

热处理技术条件:正火(160 ~ 217HBW);表面高频淬火、低温回火(50 ~ 55HRC)。

工艺路线:锻造→正火→粗加工→调质→半精加工→高频淬火、回火→精磨。

②汽车、拖拉机齿轮,如图 15.10 所示。

负荷特点:承载、磨损及冲击负荷较大,工作条件比较繁重。

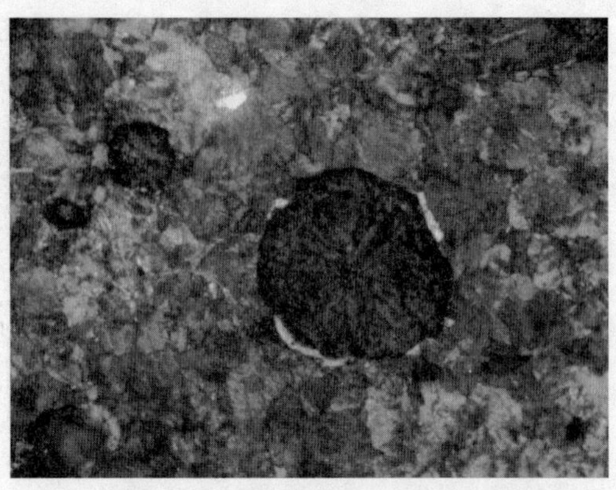

图 15.8　球墨铸铁正火($P_{基}+G_{球}$)

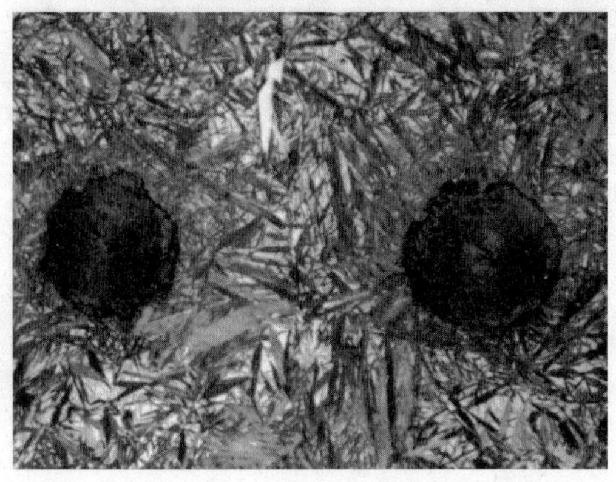

图 15.9　球墨铸铁淬火($M+B_{下}+A'+G_{球}$)

性能指标:σ_b>1 000 MPa,a_{KU2}≥50 J,齿面硬度≥55HRC。

材料:20CrMnTi。

正火 950 ~970 ℃空冷,硬度 179 ~217HBW。

最终热处理工艺:930 ℃渗碳 ,保温 4 ~6 h, 预冷至 830 ~ 850 ℃油淬+低温 180℃±10 ℃回火,保温 2 h。

热处理技术条件:表层 w_C=0.8% ~1.05%,渗碳层深 0.8 ~1.3 mm,齿面硬度 58 ~62HRC,心部硬度 33 ~45HRC。热处理后显微组织如图 15.11 所示。

最终组织及性能:心部:回火 M + F;齿面:回火 M+碳化物+A′;σ_b>1 080 MPa,a_{KU2}≥55 J,齿面硬度≥58 ~63HRC。

工艺路线:锻造→正火→粗加工、半精加工→渗碳淬火、低温回火→喷丸→磨削。

轮齿的节圆处渗碳层组织,针状及隐针马氏体(3 ~4 级),残余奥氏体(8 级),白色小条状碳化物(4 ~5 级)。

3. 弹簧类零件选材及热处理实例

(1)弹簧选材

①碳素弹簧钢:65,67,75,85。用于小截面(ϕ<12 mm)、不太重要的小型弹簧。

②锰弹簧钢:65Mn,截面尺寸≤15 mm 的小型弹簧。

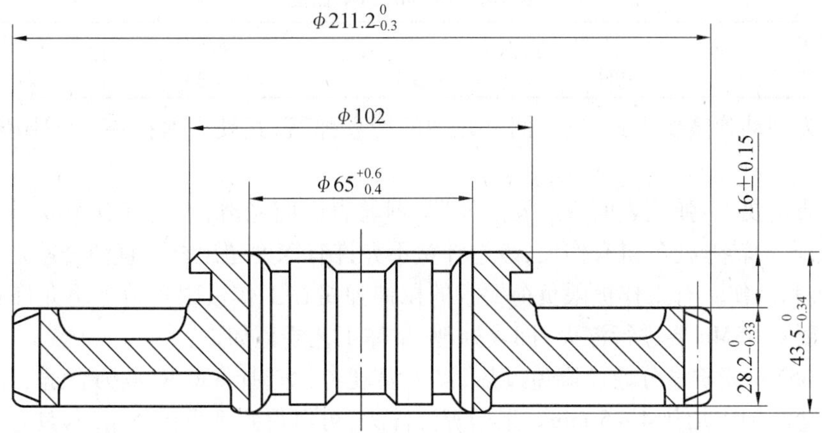

图 15.10　解放牌汽车变速齿轮简图

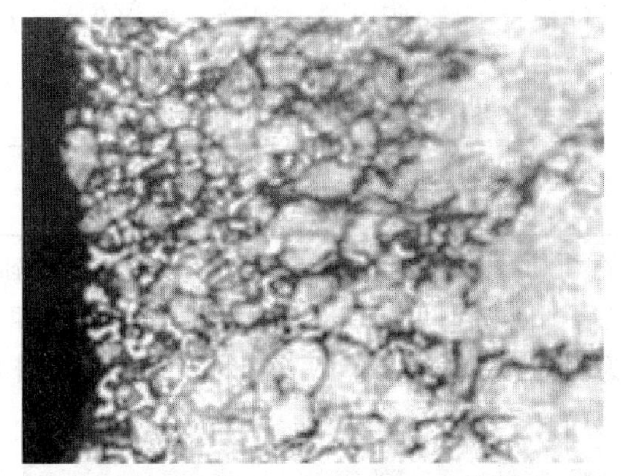

图 15.11　20CrMnTi 钢渗碳后淬火+低温回火(400×)

③硅锰弹簧钢:60Si2Mn 等,ϕ25 ~ 30 mm 淬透,板簧、螺旋弹簧及 250 ℃以下耐热弹簧。

④铬矾弹簧钢:

50CrVA 等,ϕ50 mm 淬透,应力较大的弹簧(工作温度≤300 ℃)。

⑤硅铬弹簧钢:60Si2CrA、60Si2CrVA,高应力、受冲击弹簧(300 ~ 350 ℃)。

⑥钨铬钒弹簧钢:30W4Cr2VA,高强度耐热弹簧(≤500 ℃)。

(2)弹簧加工工艺路线

①冷卷弹簧:

原料(钢丝、带等,0.1 ~ 12 mm)→卷簧→热处理→端面加工。

原料状态与热处理—硬化状态的弹簧:只进行去应力回火(碳钢 250 ℃,合金钢 350 ~ 450 ℃);退火状态的弹簧:需进行淬火、回火,41 ~ 47HRC;回火屈氏体组织。

②热成型弹簧:

下料加热成型→热处理(淬火、回火)→喷丸→端面加工。

以 65Mn 弹簧钢为例,分析其热处理工艺,65Mn 初始力学性能见表 15.2。

表 15.2 65Mn 力学性能

σ_s/MPa	σ_b/MPa	δ/%	ψ/%	HRC
≥785	≥980	≥9	≥35	21 ~ 24

而作为制动弹簧要求经淬火、回火处理的冷卷弹簧,其硬度值在 44 ~ 52HRC 范围内选取。

外观质量要求:弹簧表面应经发黑处理,钢丝表面应光滑,不允许有裂纹、氧化皮、锈蚀等缺陷;弯钩转弯处不得有伤痕;冷卷弹簧不允许有深度超出材料直径公差之半的个别压痕、凹坑和刮伤。有工作极限负荷要求的拉伸弹簧在工作极限负荷下不允许有永久变形。因此要对 65Mn 要进行淬火+回火处理,具体工艺规范如下:

根据 65Mn 碳质量分数及避免过热,淬火温度考虑选择 830 ℃最为合适。淬火冷却介质选择盐浴炉中加热 4 ~ 5 min。采用等温淬火,可以得到下贝氏体组织,具有良好的综合力学性能,且工件不易开裂。等温温度应该高于 Ms,即温度>270 ℃,但当温度高于 280 ℃时,其有关力学性能出现下降,所以等温温度选取 280 ℃。65Mn 钢回火温度和硬度的关系见表 15.3。

表 15.3 65Mn 钢回火温度和硬度的关系

温度/℃	150	200	300	400	500	550
硬度(HRC)	61	58	54	47	39	34

可知,当回火温度在 300 ~ 400 ℃时,可以使弹簧钢的硬度达到制动弹簧的要求。此时采用的中温回火可以得到回火托氏体,这时的样品具有较高的屈强比,高的弹性极限和高韧性,满足 65Mn 作为制动弹簧的要求。热处理后显微组织如图 15.12 所示。

图 15.12 65Mn 钢淬火+中温回火(400×)

4. 箱体类零件选材及热处理实例

分析:图 15.13 为中等尺寸的减速器箱体,其上有三对精度要求较高的轴承孔,形状复杂。该箱体要求有较好的刚度、减震性和密封性,轴承孔承受载荷较大,故该箱体材料选用 HT250,采用砂型铸造,铸造后应进行去应力退火。单件生产也可用焊接件。

工艺路线:铸造毛坯→去应力退火→划线→切削加工。

热处理后的显微组织如图15.14所示,其中去应力退火是为了消除铸造内应力,稳定尺寸,减少箱体在加工和使用过程中的变形。

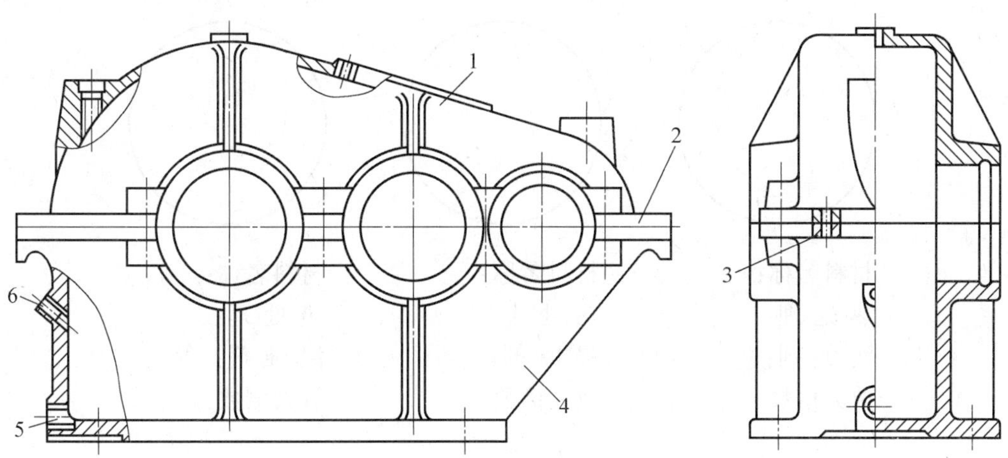

图 15.13　减速器箱体

1—端盖;2—对合面;3—定位销孔;4—底座;5—出油孔;6—油面指示孔

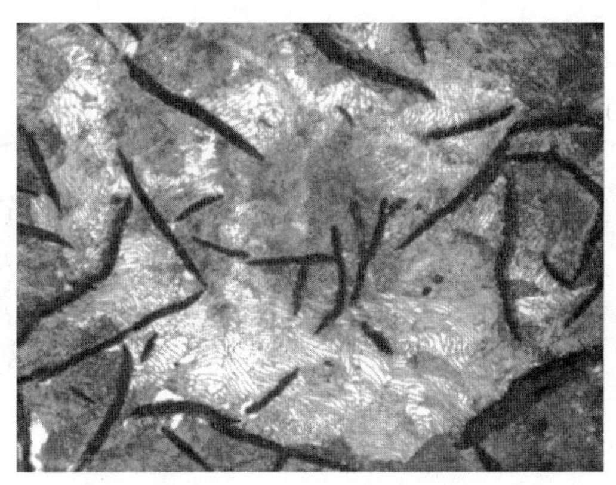

图 15.14　HT250 退火(400×)

常用机械零件的硬度测试见下表,记录试验结果并填在表 15.4 中。观察常用零件的显微组织,并将示意图画在下图中。

表 15.4　常用机械零件的硬度测试结果

零件名称	材料名称	热处理方式	硬度(HRC)
车床主轴	45	调质、高频淬火+低温回火	
汽车半轴	40Cr	正火、淬火+低温回火	
汽车齿轮	20CrMnTi	正火、渗碳淬火+低温回火	
汽车板簧	65Mn	淬火+中温回火	
减速器箱体	HT250	去应力退火	

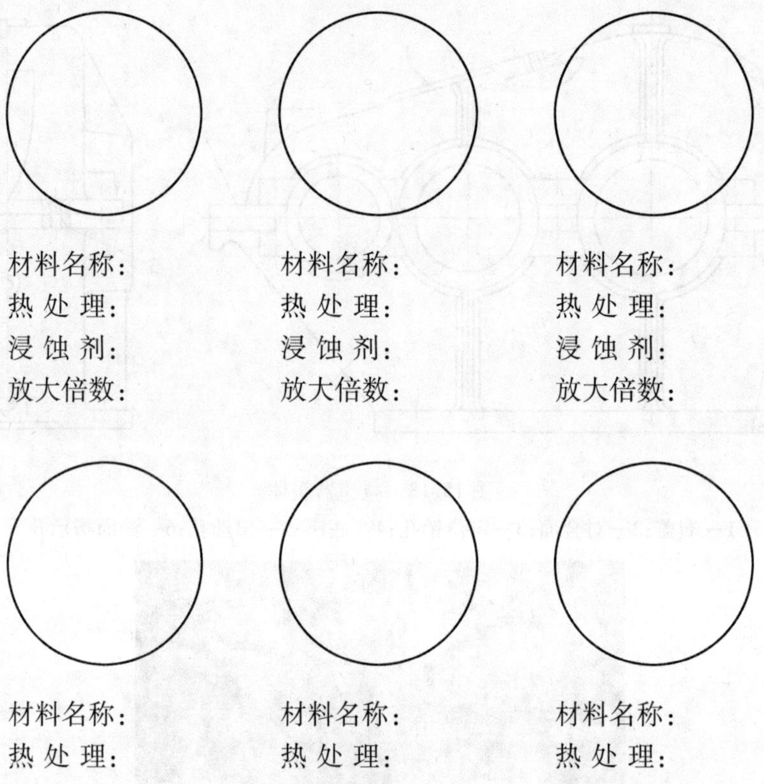

材料名称： 材料名称： 材料名称：
热 处 理： 热 处 理： 热 处 理：
浸 蚀 剂： 浸 蚀 剂： 浸 蚀 剂：
放大倍数： 放大倍数： 放大倍数：

材料名称： 材料名称： 材料名称：
热 处 理： 热 处 理： 热 处 理：
浸 蚀 剂： 浸 蚀 剂： 浸 蚀 剂：
放大倍数： 放大倍数： 放大倍数：

七、实验报告

1. 明确本次实验目的。

2. 简述实验原理、实验内容、实验步骤。

3. 熟悉金相显微镜、硬度计的操作，并记录试验数据。

4. 根据实验结果，总结分析含碳量、合金成分、热处理工艺不同对材料微观组织及硬度等力学性能的影响。

八、思考题

1. 列举可用作机械零件的常用碳钢、合金结构钢牌号，分析各自的性能优势及不足。

2. 当改变热处理工艺参数时，材料的微观组织及性能会发生什么变化，为什么？

3. 当齿面高频淬火时间较短、淬硬层较薄，应如何测定其表面硬度？

4. 加深理解成分、加热温度、冷却速度、回火温度对金属材料组织及性能的影响。

实验 16　激光合金化试样的扫描电子显微镜分析

一、实验目的

1. 了解激光合金化技术的特点及应用(详见实验 13)。

2. 熟悉金相试样的制备方法(详见实验 2)。

3. 了解扫描电子显微镜的工作原理及使用方法。

4. 观察不同激光功率和扫描速度下所得激光合金化试样的组织形貌,分析激光工艺参数对试样组织形貌的影响。

二、实验内容

钛合金硬度低、耐磨性较差,制约了其在机械传动件制造领域的应用。采用激光合金化的方法对钛合金进行表面强化,在基体钛合金表面制备高硬度耐磨激光合金化层,成为近年来的研究热点。与传统的表面强化技术相比,激光表面合金化优势更加明显,能够在一些价格便宜、表面性能不够优越的基体材料表面制出耐磨损、耐腐蚀、耐高温、抗氧化的表面合金层,用于取代昂贵的整体合金,从而使生产成本大幅下降。激光表面合金化具有结合强度高、工件变形小、生产效率高、清洁无污染、易于实现自动化等优点,能够显著提高钛合金传动件的使用寿命,得到越来越广泛地应用。

本实验采用 B_4C 和石墨粉对钛合金表面进行激光合金化,获得与基体呈冶金结合的、具有高硬度和耐磨性的复合陶瓷合金化层,激光合金化过程将在氮气保护环境下进行。在实验过程中采用不同的激光功率和激光扫描速度制备激光合金化试样,并借助扫描电子显微镜观察合金化层横截面的组织形貌,分析激光工艺参数对激光合金化层组织形貌的影响。

三、实验原理

在一定条件下,非金属元素 B,C,N 等可与钛合金中的 Ti 结合生成 TiC,TiN,TiB(或 TiB_2)等陶瓷相,这些陶瓷相均具有较高的硬度、耐磨性和热稳定性。通过预置合金化粉末对钛合金表面进行激光合金化,这些陶瓷相可以在熔池中原位生成,而原位生成的陶瓷相较为洁净,并且与基体之间具有很好的相容性。本实验采用 B_4C 陶瓷粉作为 B-C-N 复合激光合金化的硼源和碳源,易于涂层成分和质量的控制。由于 B_4C 中 B 含量太高,故添加一定比例的石墨作为碳源,来调整涂层中硼化物和碳化物的比例。激光合金化过程中通入的氮气既作为保护气,保护熔池不被氧化,又作为反应气体参与熔池反应,形成钛的氮化物。

激光合金化工艺参数主要指激光功率 P、激光扫描速度 v、光斑尺寸(直径 D 或面积 S)、多道搭接率及涂层材料的添加方式(如预置涂层的厚度、同步送粉的送粉量)等。当合金化材料及其添加方式确定后,工艺参数则成为影响合金化层质量的关键因素,其中影响较大参数有激光功率和扫描速度。

本实验采用的1.5 kW HJ-4型CO_2连续激光器输出的为圆形光斑，光斑直径可调。本实验保持激光光斑直径不变，观察和分析激光功率、扫描速度对激光合金化层组织形貌的影响。

钛合金表面预置涂层的成分也会对合金化层的组织形貌产生较大影响，因而在研究激光工艺参数对合金化层组织形貌的影响时，首先需采用固定的预涂粉末配比和保护气氮气的压力。如预涂粉末质量比为B_4C:G=2:1的试样，氮气压力固定为0.4 MPa，此时可分别讨论激光功率和扫描速度对合金化层组织形貌的影响。

例如，当扫描速度为5 $mm\cdot s^{-1}$时，上述试样在不同的激光功率下获得激光合金化层的显微组织形貌如图16.1所示。

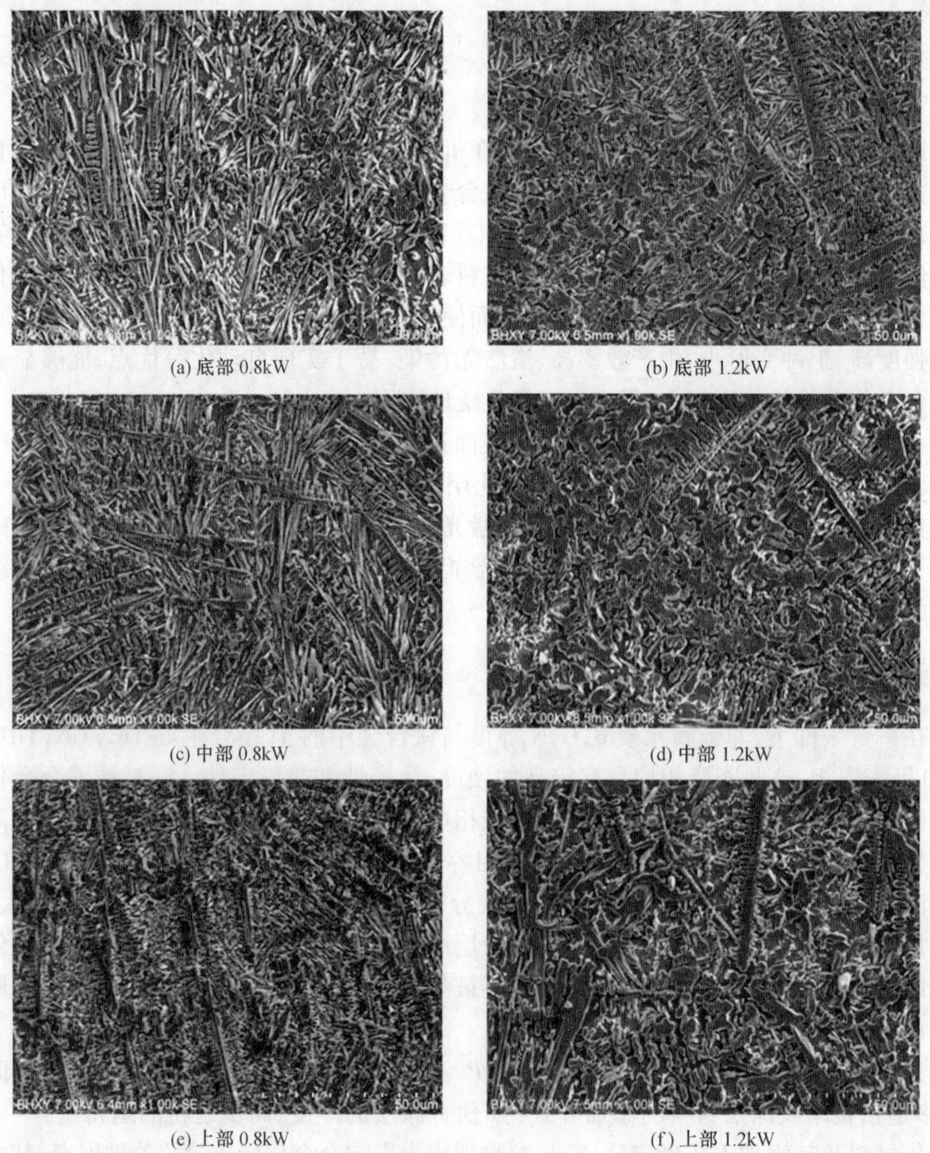

(a) 底部 0.8kW　(b) 底部 1.2kW

(c) 中部 0.8kW　(d) 中部 1.2kW

(e) 上部 0.8kW　(f) 上部 1.2kW

图16.1　不同激光功率时合金化层的SEM结果

图16.1表明，随着激光功率的增大，各试样对应合金化区域的组织逐渐粗化，由细碎的晶粒及少量枝晶逐渐转化为大量发达的树枝晶和较粗大的板条状组织。这是由于在一定的范围内激光功率的增大使得熔池在单位时间内吸收的能量增加，熔池温度高，冷却速度慢，熔池存在时间较长，导致合金化层组织粗化，这种现象与冶金学中的"过热"类似。当激光能量密度不同时，涂层材料粉末向钛合金基体溶解的程度不同，且析出的陶瓷相数量和形态与激光能量密度密切相关。随激光功率的增加，基体的温度上升，析出的TiC，TiB，TiN等陶瓷相颗粒易逐渐相连成枝晶，表现为较发达的枝晶。对同一试样，合金化层由上至下组织逐渐细化，这是由于靠近基体处温度梯度大，熔池冷却速度快，晶粒来不及长大就凝固，越靠近合金化层上部，冷却速度越慢，因为形成的组织逐渐粗大。

又如，当激光功率固定为1.0 kW时，上述试样在不同的扫描速度下获得激光合金化层的显微组织形貌如图16.2所示。随着扫描速度的增大，各试样对应合金化区域的组织逐渐细化，合金化层的组织中均出现了一些"麦穗状"组织，实际上是一次枝晶臂发达、二次枝晶臂细小的TiC树枝晶。

图16.2(a)，(b)，(c)分别为不同速度下合金化层中部的组织，随着扫描速度的增加，组织更加细小致密。当激光功率和光斑直径一定时，激光比能的高低主要受到扫描速度的影响。在一定的范围内，随着扫描速度的增加，激光比能减小，试样表面接受激光束辐射的时间缩短，熔池存在时间变短，在凝固过程中晶体没有充足的时间长大，形成更为细小的组织。当然，扫描速度过大会造成激光比能过低，使合金化过程不能顺利进行。

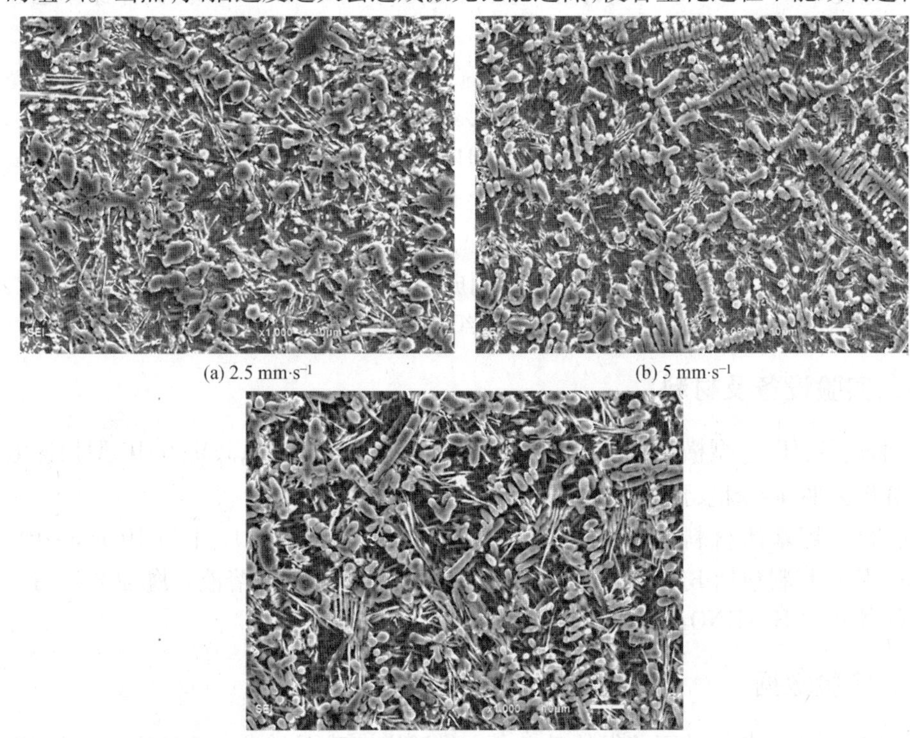

(a) 2.5 $mm \cdot s^{-1}$　(b) 5 $mm \cdot s^{-1}$　(c) 7.5 $mm \cdot s^{-1}$

图16.2　不同扫描速度下激光合金化层的SEM结果

综上所述,激光功率和扫描速度对激光合金化层的微观组织具有较大的影响,进而影响合金化层的性能。因此,选择合适的激光合金化工艺参数是获得微观组织致密、性能优异的合金化层的关键。在预置涂层厚度一定时,应该选择合适的激光功率及扫描速度,首先能够保证激光比能,使合金化过程顺利进行,同时,能够获得微观组织细小致密的合金化层,为合金化层性能的改善奠定基础。

四、实验步骤与方法

1. 涂层制备

激光合金化前,分别用 180 目 ~400 目砂纸打磨 Ti-6Al-4V 钛合金的待熔表面,然后用无水丙酮将待熔表面清洗 10 min,再用清水冲洗、用酒精将待熔工件表面擦拭干净、吹干。用玻璃试管配置水玻璃溶液(纯水玻璃与水的体积配置比例为 1∶3),搅拌均匀。在分析天平上称取适当重量的混合粉末,将其倒入小烧杯中,滴入适量已配置好的水玻璃溶液,用玻璃棒均匀搅拌成糊状后均匀涂敷在合金待熔表面,自然风干。涂敷时需保证涂层表面平整,预置层厚度约为 0.5 mm。

2. 激光合金化

采用 HJ-4 型横流式 CO_2 连续激光器对预涂混合粉末的钛合金试样表面进行激光合金化处理,激光束垂直扫描。激光工艺参数:采用实验过程中控制激光功率 800 ~1 200 W,扫描速度 2.5 ~7.5 mm · s^{-1},保护气氮气压力为 0.2 ~0.6 MPa。具体操作过程见实验 13。

3. 金相试样制备

单道扫描处理的试样经过砂轮和各级砂纸研磨抛光后进行腐蚀,腐蚀剂采用氢氟酸和硝酸的混合水溶液(体积比 $HF:HNO_3:H_2O=1:3:8$),制成金相试样。金相试样制备方法详见实验 2。

4. 扫描电子显微镜分析

利用 JSM-6510 型扫描电子显微镜对制成金相试样的合金化层横断面进行观察和分析,了解不同工艺条件下激光合金化层的组织和形貌。

五、实验设备及材料

实验设备:HJ-4 型横流式 CO_2 连续激光器(功率 1 500 W),JSM-6510 型扫描电子显微镜,分析天平,砂轮机,预磨机,抛光机等。

实验材料:基体材料采用 Ti-6Al-4V (TC4)合金,试样尺寸为 10 mm×10 mm×12 mm。涂层材料包括 B_4C 粉末、石墨粉。粘结剂采用水玻璃溶液。腐蚀剂采用氢氟酸与硝酸(体积比 $HF:HNO_3:H_2O=1:3:8$)。

六、实验数据

将不同激光工艺参数下获得的激光合金化试样横截面制成金相试样,利用扫描电子显微镜观察其组织形貌并拍下合金化层不同区域的组织图,分析激光功率和扫描速度对激光合金化层组织的影响。

七、实验报告

1. 明确本次实验的目的。

2. 简述实验原理、实验内容、实验步骤。

3. 根据扫描电子显微镜拍摄的不同激光功率和扫描速度下激光合金化试样的组织形貌，分析激光工艺参数对试样组织形貌的影响。

八、思考题

1. 激光合金化前，用无水丙酮清洗待熔表面的目的是什么？

2. 制备合金化涂层时，如何能够保证涂敷后涂层的平整性？

3. 激光功率和扫描速度对钛合金激光合金化层的组织形貌有何影响？

附 表

平面布氏硬度值计算表
（摘自 GB/T 231.4—2009）

硬质合金球直径 D/mm				试验力-球直径平方的比率 $0.102\times F/D^2/(\mathrm{N}\cdot \mathrm{mm}^{-2})$					
				30	15	10	5	2.5	1
				试验力 F					
10				29.42 kN	14.71 kN	9.807 kN	4.903 kN	2.452 kN	980.7 N
	5			7.355 kN	–	2.452 kN	1.226 kN	612.9 N	245.2 N
		2.5		1.839 kN	–	612.9 N	306.5 N	153.2 N	61.29 N
			1	294.2 N	–	98.07 N	49.03 N	24.52 N	9.807 N
压痕的平均直径 d/mm				布氏硬度 HBW					
2.40	1.200	0.600 0	0.240	653	327	218	109	54.5	21.8
2.41	1.205	0.602 4	0.241	648	324	216	108	54.0	21.6
2.42	1.210	0.605 0	0.242	643	321	214	107	53.5	21.4
2.43	1.215	0.607 5	0.243	637	319	212	106	53.1	21.2
2.44	1.220	0.610 0	0.244	632	316	211	105	52.7	21.1
2.45	1.225	0.612 5	0.245	627	313	209	104	52.2	20.9
2.46	1.230	0.615 0	0.246	621	311	207	104	51.8	20.7
2.47	1.235	0.617 5	0.247	616	308	205	103	51.4	20.5
2.48	1.240	0.620 0	0.248	611	306	204	102	50.9	20.4
2.49	1.245	0.622 5	0.249	606	303	202	101	50.5	20.2
2.50	1.250	0.625 0	0.250	601	301	200	100	50.1	20.0
2.51	1.255	0.627 5	0.251	597	298	199	99.4	49.7	19.9
2.52	1.260	0.630 0	0.252	592	296	197	98.6	49.3	19.7
2.53	1.265	0.632 5	0.253	587	294	196	97.8	48.9	19.6
2.54	1.270	0.635 0	0.254	582	291	194	97.1	48.5	19.4
2.55	1.275	0.637 5	0.255	578	289	193	96.3	48.1	19.3
2.56	1.280	0.640 0	0.256	573	287	191	95.5	47.8	19.1
2.57	1.285	0.642 5	0.257	569	284	190	94.8	47.4	19.0
2.58	1.290	0.645 0	0.258	564	282	188	94.0	47.0	18.8
2.59	1.295	0.647 5	0.259	560	280	187	93.3	46.6	18.7
2.60	1.300	0.650 0	0.260	555	278	185	92.6	46.3	18.5
2.61	1.305	0.652 5	0.261	551	276	184	91.8	45.9	18.4
2.62	1.310	0.655 0	0.262	547	273	182	91.1	45.6	18.2

续表

硬质合金球直径 D/mm				试验力-球直径平方的比率 $0.102\times F/D^2/(N\cdot mm^{-2})$					
				30	15	10	5	2.5	1
				试验力 F					
10				29.42 kN	14.71 kN	9.807 kN	4.903 kN	2.452 kN	980.7 N
	5			7.355 kN	–	2.452 kN	1.226 kN	612.9 N	245.2 N
		2.5		1.839 kN	–	612.9 N	306.5 N	153.2 N	61.29 N
			1	294.2 N	–	98.07 N	49.03 N	24.52 N	9.807 N
压痕的平均直径 d/mm				布氏硬度 HBW					
2.63	1.315	0.657 5	0.263	543	271	181	90.4	45.2	18.1
2.64	1.320	0.660 0	0.264	538	269	179	89.7	44.9	17.9
2.65	1.325	0.662 5	0.265	534	267	178	89.0	44.5	17.8
2.66	1.330	0.665 0	0.266	530	265	177	88.4	44.2	17.7
2.67	1.335	0.667 5	0.267	526	263	175	87.7	43.8	17.5
2.68	1.340	0.670 0	0.268	522	261	174	87.0	43.5	17.4
2.69	1.345	0.672 5	0.269	518	259	173	86.4	43.2	17.3
2.70	1.350	0.675 0	0.270	514	257	171	85.7	42.9	17.1
2.71	1.355	0.677 5	0.271	510	255	170	85.1	42.5	17.0
2.72	1.360	0.680 0	0.272	507	253	169	84.4	42.2	16.9
2.73	1.365	0.682 5	0.273	503	251	168	83.8	41.9	16.8
2.74	1.370	0.685 0	0.274	499	250	166	83.2	41.6	16.6
2.75	1.375	0.687 5	0.275	495	248	165	82.6	41.3	16.5
2.76	1.380	0.690 0	0.276	492	246	164	81.9	41.0	16.4
2.77	1.385	0.692 5	0.277	488	244	163	81.3	40.7	16.3
2.78	1.390	0.695 0	0.278	485	242	162	80.8	40.4	16.2
2.79	1.395	0.697 5	0.279	481	240	160	80.2	40.1	16.0
2.80	1.400	0.700 0	0.280	477	239	159	79.6	39.8	15.9
2.81	1.405	0.702 5	0.281	474	237	158	79.0	39.5	15.8
2.82	1.410	0.705 0	0.282	471	235	157	78.4	39.2	15.7
2.83	1.415	0.707 5	0.283	467	234	156	77.9	38.9	15.6
2.84	1.420	0.710 0	0.284	464	232	155	77.3	38.7	15.5
2.85	1.425	0.712 5	0.285	461	230	154	76.8	38.4	15.4
2.86	1.430	0.715 0	0.286	457	229	152	76.2	38.1	15.2
2.87	1.435	0.717 5	0.287	454	227	151	75.7	37.8	15.1
2.88	1.440	0.720 0	0.288	451	225	150	75.1	37.6	15.0

续表

硬质合金球直径 D/mm				试验力-球直径平方的比率 $0.102\times F/D^2/(\mathrm{N}\cdot\mathrm{mm}^{-2})$					
				30	15	10	5	2.5	1
				试验力 F					
10				29.42 kN	14.71 kN	9.807 kN	4.903 kN	2.452 kN	980.7 N
	5			7.355 kN	–	2.452 kN	1.226 kN	612.9 N	245.2 N
		2.5		1.839 kN	–	612.9 N	306.5 N	153.2 N	61.29 N
			1	294.2 N	–	98.07 N	49.03 N	24.52 N	9.807 N
压痕的平均直径 d/mm				布氏硬度 HBW					
2.89	1.445	0.722 5	0.289	448	224	149	74.6	37.3	14.9
2.90	1.450	0.725 0	0.290	444	222	148	74.1	37.0	14.8
2.91	1.455	0.727 5	0.291	441	221	147	73.6	36.8	14.7
2.92	1.460	0.730 0	0.292	438	219	146	73.0	36.5	14.6
2.93	1.465	0.732 5	0.293	435	218	145	72.5	36.3	14.5
2.94	1.470	0.735 0	0.294	432	216	144	72.0	36.0	14.4
2.95	1.475	0.737 5	0.295	429	215	143	71.5	35.8	14.3
2.96	1.480	0.740 0	0.296	426	213	142	71.0	35.5	14.2
2.97	1.485	0.742 5	0.297	423	212	141	70.5	35.3	14.1
2.98	1.490	0.745 0	0.298	420	210	140	70.1	35.0	14.0
2.99	1.495	0.747 5	0.299	417	209	139	69.6	34.8	13.9
3.00	1.500	0.750 0	0.300	415	207	138	69.1	34.6	13.8
3.01	1.505	0.752 5	0.301	412	206	137	68.6	34.3	13.7
3.02	1.510	0.755 0	0.302	409	205	136	68.2	34.1	13.6
3.03	1.515	0.757 5	0.303	406	203	135	67.7	33.9	13.5
3.04	1.520	0.760 0	0.304	404	202	135	67.3	33.6	13.5
3.05	1.525	0.762 5	0.305	401	200	134	66.8	33.4	13.4
3.06	1.530	0.765 0	0.306	398	199	133	66.4	33.2	13.3
3.07	1.535	0.767 5	0.307	395	198	132	65.9	33.0	13.2
3.08	1.540	0.770 0	0.308	393	196	131	65.5	32.7	13.1
3.09	1.545	0.772 5	0.309	390	195	130	65.0	32.5	13.0
3.10	1.550	0.775 0	0.310	388	194	129	64.6	32.3	12.9
3.11	1.555	0.777 5	0.311	385	193	128	64.2	32.1	12.8
3.12	1.560	0.780 0	0.312	383	191	128	63.8	31.9	12.8
3.13	1.565	0.782 5	0.313	380	190	127	63.3	31.7	12.7
3.14	1.570	0.785 0	0.314	378	189	126	62.9	31.5	12.6

续表

硬质合金球直径 D/mm				试验力-球直径平方的比率 $0.102\times F/D^2/(\mathrm{N\cdot mm^{-2}})$					
				30	15	10	5	2.5	1
				试验力 F					
10				29.42 kN	14.71 kN	9.807 kN	4.903 kN	2.452 kN	980.7 N
	5			7.355 kN	–	2.452 kN	1.226 kN	612.9 N	245.2 N
		2.5		1.839 kN	–	612.9 N	306.5 N	153.2 N	61.29 N
			1	294.2 N	–	98.07 N	49.03 N	24.52 N	9.807 N
压痕的平均直径 d/mm				布氏硬度 HBW					
3.15	1.575	0.787 5	0.315	375	188	125	62.5	31.3	12.5
3.16	1.580	0.790 0	0.316	373	186	124	62.1	31.1	12.4
3.17	1.585	0.792 5	0.317	370	185	123	61.7	30.9	12.3
3.18	1.590	0.795 0	0.318	368	184	123	61.3	30.7	12.3
3.19	1.595	0.797 5	0.319	366	183	122	60.9	30.5	12.2
3.20	1.600	0.800 0	0.320	363	182	121	60.5	30.3	12.1
3.21	1.605	0.802 5	0.321	361	180	120	60.1	30.1	12.0
3.22	1.610	0.805 0	0.322	359	179	120	59.8	29.9	12.0
3.23	1.615	0.807 5	0.323	356	178	119	59.4	29.7	11.9
3.24	1.620	0.810 0	0.324	354	177	118	59.0	29.5	11.8
3.25	1.625	0.812 5	0.325	352	176	117	58.6	29.3	11.7
3.26	1.630	0.815 0	0.326	350	175	117	58.3	29.1	11.7
3.27	1.635	0.817 5	0.327	347	174	116	57.9	29.0	11.6
3.28	1.640	0,820 0	0.328	345	173	115	57.5	28.8	11.5
3.29	1.645	0.822 5	0.329	343	172	114	57.2	28.6	11.4
3.30	1.650	0.825 0	0.330	341	170	114	56.8	28.4	11.4
3.31	1.655	0.827 5	0.331	339	169	113	56.5	28.2	11.3
3.32	1.660	0.830 0	0.332	337	168	112	56.1	28.1	11.2
3.33	1.665	0.832 5	0.333	335	167	112	55.8	27.9	11.2
3.34	1.670	0.835 0	0.334	333	166	111	55.4	27.7	11.1
3.35	1.675	0.837 5	0.335	331	165	110	55.1	27.5	11.0
3.36	1.680	0.840 0	0.336	329	164	110	54.8	27.4	11.0
3.37	1.685	0.842 5	0.337	326	163	109	54.4	27.2	10.9
3.38	1.690	0.845 0	0.338	325	162	108	54.1	27.0	10.8
3.39	1.695	0.847 5	0.339	323	161	108	53.8	26.9	10.8
3.40	1.700	0.850 0	0.340	321	160	107	53.4	26.7	10.7

续表

硬质合金球直径 D/mm				试验力-球直径平方的比率 $0.102\times F/D^2/(N\cdot mm^{-2})$					
				30	15	10	5	2.5	1
				试验力 F					
10				29.42 kN	14.71 kN	9.807 kN	4.903 kN	2.452 kN	980.7 N
	5			7.355 kN	–	2.452 kN	1.226 kN	612.9 N	245.2 N
		2.5		1.839 kN	–	612.9 N	306.5 N	153.2 N	61.29 N
			1	294.2 N	–	98.07 N	49.03 N	24.52 N	9.807 N
压痕的平均直径 d/mm				布氏硬度 HBW					
3.41	1.705	0.852 5	0.341	319	159	106	53.1	26.6	10.6
3.42	1.710	0.855 0	0.342	317	158	106	52.8	26.4	10.6
3.43	1.715	0.857 5	0.343	315	157	105	52.5	26.2	10.5
3.44	1.720	0.860 0	0.344	313	156	104	52.2	26.1	10.4
3.45	1.725	0.862 5	0.345	311	156	104	51.8	25.9	10.4
3.46	1.730	0.865 0	0.346	309	155	103	51.5	25.8	10.3
3.47	1.735	0.867 5	0.347	307	154	102	51.2	25.6	10.2
3.48	1.740	0.870 0	0.348	306	153	102	50.9	25.5	10.2
3.49	1.745	0.872 5	0.349	304	152	101	50.6	25.3	10.1
3.50	1.750	0.875 0	0.350	302	151	101	50.3	25.2	10.1
3.51	1.755	0.877 5	0.351	300	150	100	50.0	25.0	10.0
3.52	1.760	0.880 0	0.352	298	149	99.5	49.7	24.9	9.95
3.53	1.765	0.882 5	0.353	297	148	98.9	49.4	24.7	9.89
3.54	1.770	0.885 0	0.354	295	147	98.3	49.2	24.6	9.83
3.55	1.775	0.887 5	0.355	293	147	97.7	48.9	24.4	9.77
3.56	1.780	0.890 0	0.356	292	146	97.2	48.6	24.3	9.72
3.57	1.785	0.892 5	0.357	290	145	96.6	48.3	24.2	9.66
3.58	1.790	0.895 0	0.358	288	144	96.1	48.0	24.0	9.61
3.59	1.795	0.897 5	0.359	286	143	95.5	47.7	23.9	9.55
3.60	1.800	0.900 0	0.360	285	142	95.0	47.5	23.7	9.50
3.61	1.805	0.902 5	0.361	283	142	94.4	47.2	23.6	9.44
3.62	1.810	0.905 0	0.362	282	141	93.9	46.9	23.5	9.39
3.63	1.815	0.907 5	0.363	280	140	93.3	46.7	23.3	9.33
3.64	1.820	0.910 0	0.364	278	139	92.8	46.4	23.2	9.28
3.65	1.825	0.912 5	0.365	277	138	92.3	46.1	23.1	9.23
3.66	1.830	0.915 0	0.366	275	138	91.8	45.9	22.9	9.18

续表

硬质合金球直径 D/mm				试验力-球直径平方的比率 $0.102\times F/D^2/(\mathrm{N\cdot mm^{-2}})$					
				30	15	10	5	2.5	1
				试验力 F					
10				29.42 kN	14.71 kN	9.807 kN	4.903 kN	2.452 kN	980.7 N
	5			7.355 kN	–	2.452 kN	1.226 kN	612.9 N	245.2 N
		2.5		1.839 kN	–	612.9 N	306.5 N	153.2 N	61.29 N
			1	294.2 N	–	98.07 N	49.03 N	24.52 N	9.807 N
压痕的平均直径 d/mm				布氏硬度 HBW					
3.67	1.835	0.917 5	0.367	274	137	91.2	45.6	22.8	9.12
3.68	1.840	0.920 0	0.368	272	136	90.7	45.4	22.7	9.07
3.69	1.845	0.922 5	0.369	271	135	90.2	45.1	22.6	9.02
3.70	1.850	0.925 0	0.370	269	135	89.7	44.9	22.4	8.97
3.71	1.855	0.927 5	0.371	268	134	89.2	44.6	22.3	8.92
3.72	1.860	0.930 0	0.372	266	133	88.7	44.4	22.2	8.87
3.73	1.865	0.932 5	0.373	265	132	88.2	44.1	22.1	8.82
3.74	1.870	0.935 0	0.374	263	132	87.7	43.9	21.9	8.77
3.75	1.875	0.937 5	0.375	262	131	87.2	43.6	21.8	8.72
3.76	1.880	0.940 0	0.376	260	130	86.8	43.4	21.7	8.68
3.77	1.885	0.942 5	0.377	259	129	86.3	43.1	21.6	8.63
3.78	1.890	0.945 0	0.378	257	129	85.8	42.9	21.5	8.58
3.79	1.895	0.947 5	0.379	256	128	85.3	42.7	21.3	8.53
3.80	1.900	0.950 0	0.380	255	127	84.9	42.4	21.2	8.49
3.81	1.905	0.952 5	0.381	253	127	84.4	42.2	21.1	8.44
3.82	1.910	0.955 0	0.382	252	126	83.9	42.0	21.0	8.39
3.83	1.915	0.957 5	0.383	250	125	83.5	41.7	20.9	8.35
3.84	1.920	0.960 0	0.384	249	125	83.0	41.5	20.8	8.30
3.85	1.925	0.962 5	0.385	248	124	82.6	41.3	20.6	8.26
3.86	1.930	0.965 0	0.386	246	123	82.1	41.1	20.5	8.21
3.87	1.935	0.967 5	0.387	245	123	81.7	40.9	20.4	8.17
3.88	1.940	0.970 0	0.388	244	122	81.3	40.6	20.3	8.13
3.89	1.945	0.972 5	0.389	242	121	80.8	40.4	20.2	8.08
3.90	1.950	0.975 0	0.390	241	121	80.4	40.2	20.1	8.04
3.91	1.955	0.977 5	0.391	240	120	80.0	40.0	20.0	8.00
3.92	1.960	0.980 0	0.392	239	119	79.5	39.8	19.9	7.95

续表

硬质合金球直径 D/mm				试验力-球直径平方的比率 $0.102\times F/D^2$/($N\cdot mm^{-2}$)					
				30	15	10	5	2.5	1
				试验力 F					
10				29.42 kN	14.71 kN	9.807 kN	4.903 kN	2.452 kN	980.7 N
	5			7.355 kN	–	2.452 kN	1.226 kN	612.9 N	245.2 N
		2.5		1.839 kN	–	612.9 N	306.5 N	153.2 N	61.29 N
			1	294.2 N	–	98.07 N	49.03 N	24.52 N	9.807 N
压痕的平均直径 d/mm				布氏硬度 HBW					
3.93	1.965	0.982 5	0.393	237	119	79.1	39.6	19.8	7.91
3.94	1.970	0.985 0	0.394	236	118	78.7	39.4	19.7	7.87
3.95	1.975	0.987 5	0.395	235	117	78.3	39.1	19.6	7.83
3.96	1.980	0.990 0	0.396	234	117	77.9	38.9	19.5	7.79
3.97	1.985	0.992 5	0.397	232	116	77.5	38.7	19.4	7.75
3.98	1.990	0.995 0	0.398	231	116	77.1	38.5	19.3	7.71
3.99	1.995	0.997 5	0.399	230	115	76.7	38.3	19.2	7.67
4.00	2.000	1.000 0	0.400	229	114	76.3	38.1	19.1	7.63
4.01	2.005	1.002 5	0.401	228	114	75.9	37.9	19.0	7.59
4.02	2.010	1.005 0	0.402	226	113	75.5	37.7	18.9	7.55
4.03	2.015	1.007 5	0.403	225	113	75.1	37.5	18.8	7.51
4.04	2.020	1.010 0	0.404	224	112	74.7	37.3	18.7	7.47
4.05	2.025	1.012 5	0.405	223	111	74.3	37.1	18.6	7.43
4.06	2.030	1.015 0	0.406	222	111	73.9	37.0	18.5	7.39
4.07	2.035	1.017 5	0.407	221	110	73.5	36.8	18.4	7.35
4.08	2.040	1.020 0	0.408	219	110	73.2	36.6	18.3	7.32
4.09	2.045	1.022 5	0.409	218	109	72.8	36.4	18.2	7.28
4.10	2.050	1.025 0	0.410	217	109	72.4	36.2	18.1	7.24
4.11	2.055	1.027 5	0.411	216	108	72.0	36.0	18.0	7.20
4.12	2.060	1.030 0	0.412	215	108	71.7	35.8	17.9	7.17
4.13	2.065	1.032 5	0.413	214	107	71.3	35.7	17.8	7.13
4.14	2.070	1.035 0	0.414	213	106	71.0	35.5	17.7	7.10
4.15	2.075	1.037 5	0.415	212	106	70.6	35.3	17.6	7.06
4.16	2.080	1.040 0	0.416	211	105	70.2	35.1	17.6	7.02
4.17	2.085	1.042 5	0.417	210	105	69.9	34.9	17.5	6.99
4.18	2.090	1.045 0	0.418	209	104	69.5	34.8	17.4	6.95

续表

硬质合金球直径 D/mm				试验力-球直径平方的比率 $0.102\times F/D^2$/(N·mm^{-2})					
				30	15	10	5	2.5	1
				试验力 F					
10				29.42 kN	14.71 kN	9.807 kN	4.903 kN	2.452 kN	980.7 N
	5			7.355 kN	–	2.452 kN	1.226 kN	612.9 N	245.2 N
		2.5		1.839 kN	–	612.9 N	306.5 N	153.2 N	61.29 N
			1	294.2 N	–	98.07 N	49.03 N	24.52 N	9.807 N
压痕的平均直径 d/mm				布氏硬度 HBW					
4.19	2.095	1.047 5	0.419	208	104	69.2	34.6	17.3	6.92
4.20	2.100	1.050 0	0.420	207	103	68.8	34.4	17.2	6.88
4.21	2.105	1.052 5	0.421	205	103	68.5	34.2	17.1	6.85
4.22	2.110	1.055 0	0.422	204	102	68.2	34.1	17.0	6.82
4.23	2.115	1.057 5	0.423	203	102	67.8	33.9	17.0	6.78
4.24	2.120	1.060 0	0.424	202	101	67.5	33.7	16.9	6.75
4.25	2.125	1.062 5	0.425	201	101	67.1	33.6	16.8	6.71
4.26	2.130	1.065 0	0.426	200	100	66.8	33.4	16.7	6.68
4.27	2.135	1.067 5	0.427	199	99.7	66.5	33.2	16.6	6.65
4.28	2.140	1.070 0	0.428	198	99.2	66.2	33.1	16.5	6.62
4.29	2.145	1.072 5	0.429	198	98.8	65.8	32.9	16.5	6.58
4.30	2.150	1.075 0	0.430	197	98.3	65.5	32.8	16.4	6.55
4.31	2.155	1.077 5	0.431	196	97.8	65.2	32.6	16.3	6.52
4.32	2.160	1.080 0	0.432	195	97.3	64.9	32.4	16.2	6.49
4.33	2.165	1.082 5	0.433	194	96.8	64.6	32.3	16.1	6.46
4.34	2.170	1.085 0	0.434	193	96.4	64.2	32.1	16.1	6.42
4.35	2.175	1.087 5	0.435	192	95.9	63.9	32.0	16.0	6.39
4.36	2.180	1.090 0	0.436	191	95.4	63.6	31.8	15.9	6.36
4.37	2.185	1.092 5	0.437	190	95.0	63.3	31.7	15.8	6.33
4.38	2.190	1.095 0	0.438	189	94.5	63.0	31.5	15.8	6.30
4.39	2.195	1.097 5	0.439	188	94.1	62.7	31.4	15.7	6.27
4.40	2.200	1.100 0	0.440	187	93.6	62.4	31.2	15.6	6.24
4.41	2.205	1.102 5	0.441	186	93.2	62.1	31.1	15.5	6.21
4.42	2.210	1.105 0	0.442	185	92.7	61.8	30.9	15.5	6.18
4.43	2.215	1.107 5	0.443	185	92.3	61.5	30.8	15.4	6.15
4.44	2.220	1.110 0	0.444	184	91.8	61.2	30.6	15.3	6.12

续表

硬质合金球直径 D/mm				试验力-球直径平方的比率 $0.102\times F/D^2/(N\cdot mm^{-2})$					
				30	15	10	5	2.5	1
				试验力 F					
10				29.42 kN	14.71 kN	9.807 kN	4.903 kN	2.452 kN	980.7 N
	5			7.355 kN	–	2.452 kN	1.226 kN	612.9 N	245.2 N
		2.5		1.839 kN	–	612.9 N	306.5 N	153.2 N	61.29 N
			1	294.2 N	–	98.07 N	49.03 N	24.52 N	9.807 N
压痕的平均直径 d/mm				布氏硬度 HBW					
4.45	2.225	1.112 5	0.445	183	91.4	60.9	30.5	15.2	6.09
4.46	2.230	1.115 0	0.446	182	91.0	60.6	30.3	15.2	6.06
4.47	2.235	1.117 5	0.447	181	90.5	60.4	30.2	15.1	6.04
4.48	2.240	1.120 0	0.448	180	90.1	60.1	30.0	15.0	6.01
4.49	2.245	1.122 5	0.449	179	89.7	59.8	29.9	14.9	5.98
4.50	2.250	1.125 0	0.450	179	89.3	59.5	29.8	14.9	5.95
4.51	2.255	1.127 5	0.451	178	88.9	59.2	29.6	14.8	5.92
4.52	2.260	1.130 0	0.452	177	88.4	59.0	29.5	14.7	5.90
4.53	2.265	1.132 5	0.453	176	88.0	58.7	29.3	14.7	5.87
4.54	2.270	1.135 0	0.454	175	87.6	58.4	29.2	14.6	5.84
4.55	2.275	1.137 5	0.455	174	87.2	58.1	29.1	14.5	5.81
4.56	2.280	1.140 0	0.456	174	86.8	57.9	28.9	14.5	5.79
4.57	2.285	1.142 5	0.457	173	86.4	57.6	28.8	14.4	5.76
4.58	2.290	1.145 0	0.458	172	86.0	57.3	28.7	14.3	5.73
4.59	2.295	1.147 5	0.459	171	85.6	57.1	28.5	14.3	5.71
4.60	2.300	1.150 0	0.460	170	85.2	56.8	28.4	14.2	5.68
4.61	2.305	1.152 5	0.461	170	84.8	56.5	28.3	14.1	5.65
4.62	2.310	1.155 0	0.462	169	84.4	56.3	28.1	14.1	5.63
4.63	2.315	1.157 5	0.463	168	84.0	56.0	28.0	14.0	5.60
4.64	2.320	1.160 0	0.464	167	83.6	55.8	27.9	13.9	5.58
4.65	2.325	1.162 5	0.465	167	83.3	55.5	27.8	13.9	5.55
4.66	2.330	1.165 0	0.466	166	82.9	55.3	27.6	13.8	5.53
4.67	2.335	1.167 5	0.467	165	82.5	55.0	27.5	13.8	5.50
4.68	2.340	1.170 0	0.468	164	82.1	54.8	27.4	13.7	5.48
4.69	2.345	1.172 5	0.469	164	81.8	54.5	27.3	13.6	5.45
4.70	2.350	1.175 0	0.470	163	81.4	54.3	27.1	13.6	5.43

续表

硬质合金球直径 D/mm				试验力-球直径平方的比率 $0.102\times F/D^2$/(N·mm^{-2})					
				30	15	10	5	2.5	1
				试验力 F					
10				29.42 kN	14.71 kN	9.807 kN	4.903 kN	2.452 kN	980.7 N
	5			7.355 kN	–	2.452 kN	1.226 kN	612.9 N	245.2 N
		2.5		1.839 kN	–	612.9 N	306.5 N	153.2 N	61.29 N
			1	294.2 N	–	98.07 N	49.03 N	24.52 N	9.807 N
压痕的平均直径 d/mm				布氏硬度 HBW					
4.71	2.355	1.177 5	0.471	162	81.0	54.0	27.0	13.5	5.40
4.72	2.360	1.180 0	0.472	161	80.7	53.8	26.9	13.4	5.38
4.73	2.365	1.182 5	0.473	161	80.3	53.5	26.8	13.4	5.35
4.74	2.370	1.185 0	0.474	160	79.9	53.3	26.6	13.3	5.33
4.75	2.375	1.187 5	0.475	159	79.6	53.0	26.5	13.3	5.30
4.76	2.380	1.190 0	0.476	158	79.2	52.8	26.4	13.2	5.28
4.77	2.385	1.192 5	0.477	158	78.9	52.6	26.3	13.1	5.26
4.78	2.390	1.195 0	0.478	157	78.5	52.3	26.2	13.1	5.23
4.79	2.395	1.197 5	0.479	156	78.2	52.1	26.1	13.0	5.21
4.80	2.400	1.200 0	0.480	156	77.8	51.9	25.9	13.0	5.19
4.81	2.405	1.202 5	0.481	155	77.5	51.6	25.8	12.9	5.16
4.82	2.410	1.205 0	0.482	154	77.1	51.4	25.7	12.9	5.14
4.83	2.415	1.207 5	0.483	154	76.8	51.2	25.6	12.8	5.12
4.84	2.420	1.210 0	0.484	153	76.4	51.0	25.5	12.7	5.10
4.85	2.425	1.212 5	0.485	152	76.1	50.7	25.4	12.7	5.07
4.86	2.430	1.215 0	0.486	152	75.8	50.5	25.3	12.6	5.05
4.87	2.435	1.217 5	0.487	151	75.4	50.3	25.1	12.6	5.03
4.88	2.440	1.220 0	0.488	150	75.1	50.1	25.0	12.5	5.01
4.89	2.445	1.222 5	0.489	150	74.8	49.8	24.9	12.5	4.98
4.90	2.450	1.225 0	0.490	149	74.4	49.6	24.8	12.4	4.96
4.91	2.455	1.227 5	0.491	148	74.1	49.4	24.7	12.4	4.94
4.92	2.460	1.230 0	0.492	148	73.8	49.2	24.6	12.3	4.92
4.93	2.465	1.232 5	0.493	147	73.5	49.0	24.5	12.2	4.90
4.94	2.470	1.235 0	0.494	146	73.2	48.8	24.4	12.2	4.88
4.95	2.475	1.237 5	0.495	146	72.8	48.6	24.3	12.1	4.86
4.96	2.480	1.240 0	0.496	145	72.5	48.3	24.2	12.1	4.83

续表

硬质合金球直径 D/mm				试验力-球直径平方的比率 $0.102\times F/D^2/(\mathrm{N}\cdot\mathrm{mm}^{-2})$					
				30	15	10	5	2.5	1
				试验力 F					
10				29.42 kN	14.71 kN	9.807 kN	4.903 kN	2.452 kN	980.7 N
	5			7.355 kN	–	2.452 kN	1.226 kN	612.9 N	245.2 N
		2.5		1.839 kN	–	612.9 N	306.5 N	153.2 N	61.29 N
			1	294.2 N	–	98.07 N	49.03 N	24.52 N	9.807 N
压痕的平均直径 d/mm				布氏硬度 HBW					
4.97	2.485	1.242 5	0.497	144	72.2	48.1	24.1	12.0	4.81
4.98	2.490	1.245 0	0.498	144	71.9	47.9	24.0	12.0	4.79
4.99	2.495	1.247 5	0.499	143	71.6	47.7	23.9	11.9	4.77
5.00	2.500	1.250 0	0.500	143	71.3	47.5	23.8	11.9	4.75
5.01	2.505	1.252 5	0.501	142	71.0	47.3	23.7	11.8	4.73
5.02	2.510	1.255 0	0.502	141	70.7	47.1	23.6	11.8	4.71
5.03	2.515	1.257 5	0.503	141	70.4	46.9	23.5	11.7	4.69
5.04	2.520	1.260 0	0.504	140	70.1	46.7	23.4	11.7	4.67
5.05	2.525	1.262 5	0.505	140	69.8	46.5	23.3	11.6	4.65
5.06	2.530	1.265 0	0.506	139	69.5	46.3	23.2	11.6	4.63
5.07	2.535	1.267 5	0.507	138	69.2	46.1	23.1	11.5	4.61
5.08	2.540	1.270 0	0.508	138	68.9	45.9	23.0	11.5	4.59
5.09	2.545	1.272 5	0.509	137	68.6	45.7	22.9	11.4	4.57
5.10	2.550	1.275 0	0.510	137	68.3	45.5	22.8	11.4	4.55
5.11	2.555	1.277 5	0.511	136	68.0	45.3	22.7	11.3	4.53
5.12	2.560	1.280 0	0.512	135	67.7	45.1	22.6	11.3	4.51
5.13	2.565	1.282 5	0.513	135	67.4	45.0	22.5	11.2	4.50
5.14	2.570	1.285 0	0.514	134	67.1	44.8	22.4	11.2	4.48
5.15	2.575	1.287 5	0.515	134	66.9	44.6	22.3	11.1	4.46
5.16	2.580	1.290 0	0.516	133	66.6	44.4	22.2	11.1	4.44
5.17	2.585	1.292 5	0.517	133	66.3	44.2	22.1	11.1	4.42
5.18	2.590	1.295 0	0.518	132	66.0	44.0	22.0	11.0	4.40
5.19	2.595	1.297 5	0.519	132	65.8	43.8	21.9	11.0	4.38
5.20	2.600	1.300 0	0.520	131	65.5	43.7	21.8	10.9	4.37
5.21	2.605	1.302 5	0.521	130	65.2	43.5	21.7	10.9	4.35
5.22	2.610	1.305 0	0.522	130	64.9	43.3	21.6	10.8	4.33

续表

硬质合金球直径 D/mm				试验力-球直径平方的比率 $0.102\times F/D^2/(\mathrm{N}\cdot\mathrm{mm}^{-2})$					
				30	15	10	5	2.5	1
				试验力 F					
10				29.42 kN	14.71 kN	9.807 kN	4.903 kN	2.452 kN	980.7 N
	5			7.355 kN	–	2.452 kN	1.226 kN	612.9 N	245.2 N
		2.5		1.839 kN	–	612.9 N	306.5 N	153.2 N	61.29 N
			1	294.2 N	–	98.07 N	49.03 N	24.52 N	9.807 N
压痕的平均直径 d/mm				布氏硬度 HBW					
5.23	2.615	1.307 5	0.523	129	64.7	43.1	21.6	10.8	4.31
5.24	2.620	1.310 0	0.524	129	64.4	42.9	21.5	10.7	4.29
5.25	2.625	1.312 5	0.525	128	64.1	42.8	21.4	10.7	4.28
5.26	2.630	1.315 0	0.526	128	63.9	42.6	21.3	10.6	4.26
5.27	2.635	1.317 5	0.527	127	63.6	42.4	21.2	10.6	4.24
5.28	2.640	1.320 0	0.528	127	63.3	42.2	21.1	10.6	4.22
5.29	2.645	1.322 5	0.529	126	63.1	42.1	21.0	10.5	4.21
5.30	2.650	1.325 0	0.530	126	62.8	41.9	20.9	10.5	4.19
5.31	2.655	1.327 5	0.531	125	62.6	41.7	20.9	10.4	4.17
5.32	2.660	1.330 0	0.532	125	62.3	41.5	20.8	10.4	4.15
5.33	2.665	1.332 5	0.533	124	62.1	41.4	20.7	10.3	4.14
5.34	2.670	1.335 0	0.534	124	61.8	41.2	20.6	10.3	4.12
5.35	2.675	1.337 5	0.535	123	61.5	41.0	20.5	10.3	4.10
5.36	2.680	1.340 0	0.536	123	61.3	40.9	20.4	10.2	4.09
5.37	2.685	1.342 5	0.537	122	61.0	40.7	20.3	10.2	4.07
5.38	2.690	1.345 0	0.538	122	60.8	40.5	20.3	10.1	4.05
5.39	2.695	1.347 5	0.539	121	60.6	40.4	20.2	10.1	4.04
5.40	2.700	1.350 0	0.540	121	60.3	40.2	20.1	10.1	4.02
5.41	2.705	1.352 5	0.541	120	60.1	40.0	20.0	10.0	4.00
5.42	2.710	1.355 0	0.542	120	59.8	39.9	19.9	9.97	3.99
5.43	2.715	1.357 5	0.543	119	59.6	39.7	19.9	9.93	3.97
5.44	2.720	1.360 0	0.544	118	59.3	39.6	19.8	9.89	3.96
5.45	2.725	1.362 5	0.545	118	59.1	39.4	19.7	9.85	3.94
5.46	2.730	1.365 0	0.546	118	58.9	39.2	19.6	9.81	3.92
5.47	2.735	1.367 5	0.547	117	58.6	39.1	19.5	9.77	3.91
5.48	2.740	1.370 0	0.548	117	58.4	38.9	19.5	9.73	3.89

续表

硬质合金球直径 D/mm				试验力-球直径平方的比率 $0.102\times F/D^2/(\mathrm{N\cdot mm^{-2}})$					
				30	15	10	5	2.5	1
				试验力 F					
10				29.42 kN	14.71 kN	9.807 kN	4.903 kN	2.452 kN	980.7 N
	5			7.355 kN	–	2.452 kN	1.226 kN	612.9 N	245.2 N
		2.5		1.839 kN	–	612.9 N	306.5 N	153.2 N	61.29 N
			1	294.2 N	–	98.07 N	49.03 N	24.52 N	9.807 N
压痕的平均直径 d/mm				布氏硬度 HBW					
5.49	2.745	1.372 5	0.549	116	58.2	38.8	19.4	9.69	3.88
5.50	2.750	1.375 0	0.550	116	57.9	38.6	19.3	9.66	3.86
5.51	2.755	1.377 5	0.551	115	57.7	38.5	19.2	9.62	3.85
5.52	2.760	1.380 0	0.552	115	57.5	38.3	19.2	9.58	3.83
5.53	2.765	1.382 5	0.553	114	57.2	38.2	19.1	9.54	3.82
5.54	2.770	1.385 0	0.554	114	57.0	38.0	19.0	9.50	3.80
5.55	2.775	1.387 5	0.555	114	56.8	37.9	18.9	9.47	3.79
5.56	2.780	1.390 0	0.556	113	56.6	37.7	18.9	9.43	3.77
5.57	2.785	1.392 5	0.557	113	56.3	37.6	18.8	9.39	3.76
5.58	2.790	1.395 0	0.558	112	56.1	37.4	18.7	9.35	3.74
5.59	2.795	1.397 5	0.559	112	55.9	37.3	18.6	9.32	3.73
5.60	2.800	1.400 0	0.560	111	55.7	37.1	18.6	9.28	3.71
5.61	2.805	1.402 5	0.561	111	55.5	37.0	18.5	9.24	3.70
5.62	2.810	1.405 0	0.562	110	55.2	36.8	18.4	9.21	3.68
5.63	2.815	1.407 5	0.563	110	55.0	36.7	18.3	9.17	3.67
5.64	2.820	1.410 0	0.564	110	54.8	36.5	18.3	9.14	3.65
5.65	2.825	1.412 5	0.565	109	54.6	36.4	18.2	9.10	3.64
5.66	2.830	1.415 0	0.566	109	54.4	36.3	18.1	9.06	3.63
5.67	2.835	1.417 5	0.567	108	54.2	36.1	18.1	9.03	3.61
5.68	2.840	1.420 0	0.568	108	54.0	36.0	18.0	8.99	3.60
5.69	2.845	1.422 5	0.569	107	53.7	35.8	17.9	8.96	3.58
5.70	2.850	1.425 0	0.570	107	53.5	35.7	17.8	8.92	3.57
5.71	2.855	1.427 5	0.571	107	53.3	35.6	17.8	8.89	3.56
5.72	2.860	1.430 0	0.572	106	53.1	35.4	17.7	8.85	3.54
5.73	2.865	1.432 5	0.573	106	52.9	35.3	17.6	8.82	3.53
5.74	2.870	1.435 0	0.574	105	52.7	35.1	17.6	8.79	3.51

续表

硬质合金球直径 D/mm				试验力-球直径平方的比率 $0.102\times F/D^2/(\mathrm{N\cdot mm^{-2}})$					
				30	15	10	5	2.5	1
				试验力 F					
10				29.42 kN	14.71 kN	9.807 kN	4.903 kN	2.452 kN	980.7 N
	5			7.355 kN	–	2.452 kN	1.226 kN	612.9 N	245.2 N
		2.5		1.839 kN	–	612.9 N	306.5 N	153.2 N	61.29 N
			1	294.2 N	–	98.07 N	49.03 N	24.52 N	9.807 N
压痕的平均直径 d/mm				布氏硬度 HBW					
5.75	2.875	1.437 5	0.575	105	52.5	35.0	17.5	8.75	3.50
5.76	2.880	1.440 0	0.576	105	52.3	34.9	17.4	8.72	3.49
5.77	2.885	1.442 5	0.577	104	52.1	34.7	17.4	8.68	3.47
5.78	2.890	1.445 0	0.578	104	51.9	34.6	17.3	8.65	3.46
5.79	2.895	1.447 5	0.579	103	51.7	34.5	17.2	8.62	3.45
5.80	2.900	1.450 0	0.580	103	51.5	34.3	17.2	8.59	3.43
5.81	2.905	1.452 5	0.581	103	51.3	34.2	17.1	8.55	3.42
5.82	2.910	1.455 0	0.582	102	51.1	34.1	17.0	8.52	3.41
5.83	2.915	1.457 5	0.583	102	50.9	33.9	17.0	8.49	3.39
5.84	2.920	1.460 0	0.584	101	50.7	33.8	16.9	8.45	3.38
5.85	2.925	1.462 5	0.585	101	50.5	33.7	16.8	8.42	3.37
5.86	2.930	1.465 0	0.586	101	50.3	33.6	16.8	8.39	3.36
5.87	2.935	1.467 5	0.587	100	50.2	33.4	16.7	8.36	3.34
5.88	2.940	1.470 0	0.588	99.9	50.0	33.3	16.7	8.33	3.33
5.89	2.945	1.472 5	0.589	99.5	49.8	33.2	16.6	8.30	3.32
5.90	2.950	1.475 0	0.590	99.2	49.6	33.1	16.5	8.26	3.31
5.91	2.955	1.477 5	0.591	98.8	49.4	32.9	16.5	8.23	3.29
5.92	2.960	1.480 0	0.592	98.4	49.2	32.8	16.4	8.20	3.28
5.93	2.965	1.482 5	0.593	98.0	49.0	32.7	16.3	8.17	3.27
5.94	2.970	1.485 0	0.594	97.7	48.8	32.6	16.3	8.14	3.26
5.95	2.975	1.487 5	0.595	97.3	48.7	32.4	16.2	8.11	3.24
5.96	2.980	1.490 0	0.596	96.9	48.5	32.3	16.2	8.08	3.23
5.97	2.985	1.492 5	0.597	96.6	48.3	32.2	16.1	8.05	3.22
5.98	2.990	1.495 0	0.598	96.2	48.1	32.1	16.0	8.02	3.21
5.99	2.995	1.497 5	0.599	95.9	47.9	32.0	16.0	7.99	3.20
6.00	3.000	1.500 0	0.600	95.5	47.7	31.8	15.9	7.96	3.18

参考文献

[1]姜江,陈鹭滨. 机械工程材料实验教程[M]. 哈尔滨:哈尔滨工业大学出版社,2003.

[2]周玉. 材料分析方法[M]. 3 版. 北京:机械工业出版社,2011.

[3]王富耻. 材料现代分析测试方法[M]. 北京:北京理工大学出版社,2006.

[4]潘清林. 材料现代分析测试实验教程[M]. 北京:冶金工业出版社,2011.

[5]周小平. 金属材料及热处理实验教程[M]. 武汉:华中科技大学出版社,2005.

[6]夏立芳. 金属热处理工艺学[M]. 哈尔滨:哈尔滨工业大学出版社,2008.

[7]崔忠圻,刘北兴. 金属学与热处理原理[M]. 哈尔滨:哈尔滨工业大学出版社,1998.

[8]周玉,武高辉. 材料分析测试技术[M]. 哈尔滨:哈尔滨工业大学出版社,1998.

[9]杜希文,原续波. 材料分析方法[M]. 天津:天津大学出版社,2006.

[10]进藤大辅,平贺贤二. 材料评价的高分辨电子显微方法[M]. 北京:冶金工业出版社,1998.

[11]威廉斯,卡特. 透射电子显微学[M]. 北京:清华大学出版社,2007.

[12]周凤云. 工程材料及应用[M]. 武汉:华中科技大学出版社,2002.

[13]徐志农. 工程材料实验教程[M]. 武汉:华中科技大学出版社,2009.

[14]席生岐. 工程材料基础实验指导书[M]. 西安:西安交通大学出版社,2014.

[15]李伟. 钛合金表面 B_4C/G 激光合金化层的组织与耐磨性研究[D]. 济南:山东大学材料科学与工程学院,2014.

[16]葛利玲. 材料科学与工程基础实验教程[M]. 北京:机械工业出版社,2008.

[17]MAN H C, LEONG K H, HO K L. Process monitoring of powder pre-paste laser surface alloying[J]. Optics and Lasers in Engineering,2008, 46(10): 739-745.

[18]GB/T 230—2009 金属材料. 洛氏硬度试验[M]. 北京:中国标准出版社,2009.

[19]GB/T 231—2009 金属材料. 布氏硬度试验[M]. 北京:中国标准出版社,2009.

[20]GB/T 4340—2009 金属材料. 维氏硬度试验[M]. 北京:中国标准出版社,2009.

[21]GB/T 225—2006 钢. 淬透性的末端淬火试验方法[M]. 北京:中国标准出版社,2006.